P. N. Sprengels

Handwerke und Künste in Tabellen.

Mit Kupfern.

Stahl- und Eisenarbeiter.

Fortgesetzt von O. L. Hartwig.

Sechste Sammlung.

Zweite verbesserte Auflage.

Berlin,
im Verlag der Buchhandlung der Königl. Realschule.
1792.

Erster Abschnitt.

Der Nagelschmid.

Inhalt.

Die Nagelschmide sondern sich in Schwarz- und Weißnagelschmide ab, die aber nicht den geringsten Zusammenhang mit einander haben. Dessen ungeachtet schmieden beide die Nägel mit einerlei Handgriffen. Sie zerschroten die starken eisernen Stäbe, spitzen den Nagel bloß mit dem Amboß und Hammer, und schlagen den Kopf in einem Nageleisen. Die Schwarznagelschmide sind ausgeartete Ankerschmide; denn in Berlin finden sie keine Gelegenheit, ihre Geschicklichkeit bei Verfertigung der Schiffsanker zu zeigen. Daher hat man sich auch genöthigt gesehen, von den eigentlichen Ankerschmiden gänzlich zu schweigen. Die Weißnagelschmide sind aber doch in so fern von den vorigen verschieden, daß sie

sie größten Theils nur kleine Nägel schmieden, und sie verzinnen.

I. Der Schwarznagelschmid.

A. Er ist gehalten, bloß das einländische Eisen zu verarbeiten, und nur zu den Schiffsnägeln steht es ihm frei, Schwedisches Eisen zu nehmen. Die einländischen Eisenhämmer schicken ihm zu seiner Arbeit Krauseisen, und flache Stangen, die an den Seiten ausgeschweift, und höchstens $1\frac{1}{4}$ Zoll breit, $\frac{1}{4}$ Zoll dick, und 10 bis 11 Fuß lang sind. Wenn die Wahl ihm frei steht, so nimmt er am liebsten das weiche Schwedische Eisen.

B. die mehresten Werkzeuge sind schon im vorigen Abschnitt berührt worden.

a) Eine kleine gewöhnliche Esse.

b) Die Ambosse Tab. I. Fig. I. der Nagelschmide sind weit kleiner, als der Schmiedeamboß der Grobschmide. Es stehen in ihrer Werkstätte Ambosse von verschiedener Größe, und die Arbeiter wechseln hiermit ab, nachdem sie starke Nägel schmieden. Die großen Ambosse sind nur etwas weniges in den Amboßstock versenkt, und stehen durch ihre eigene Schwere fest. Die kleinen haben eine Angel. An der einen Seite des Ambosses steht auf dem Amboßstock der Blockmeißel a, womit die geschmiedeten Nägel von der Stange abgehauen werden. Auf der andern Seite befindet sich der Stutzer b c, eine starke vierkantige eiserne Stange, die etwas höher, als der Amboß ist, und etwa

etwa 4 Zoll von ihm absteht. In einem vierkantigen Loche dieser Stange, das mit der Höhe des Ambosses parallel läuft, liegt das eine Ende des

c) Nageleisens d e, und das andere ruht auf dem Amboß. Man hält es in dem Loche des Stutzers mit einem eisernen Keil fest. Der vorige Abschnitt hat schon einen Begriff von diesem letztern Werkzeuge gegeben; denn die Nageleisen der Nagelschmide sind weiter nicht von den Hufnageleisen der Grobschmide verschieden, als daß sie nur ein einziges Loch haben. Es läßt sich auch nur ein Loch anbringen, weil beide Enden in dem Loche des Stutzers und auf dem Amboß liegen. Zu einem jeden Nagel wird ein besonderes Eisen erfordert, dessen Loch nach der Gestalt des Nagels eingerichtet ist, dem man damit einen Kopf geben will. Daher muß z. B. das Loch zu den Spickernägeln ein Quadrat, und zu den flachen Brettnägeln ein längliches Viereck seyn. Das Loch umgiebt eine Krone, oder eine runde Erhöhung, welche den Kopf des Nagels etwas aushöhlet. Das Nageleisen ist zwar von Eisen, aber die Krone muß von Stahl seyn. Bei dem Schuhfinnennageleisen gleicht die Krone völlig einer halben Kugel, weil man den Kopf der Finne mit einem Stämpel ebnet. Dem Kopf der Bleinägel giebt man gerne unter dem Kopf kleine Zapfen, die sich beim Einschlagen des Nagels in das Blei versenken, denn es werden hiermit die bleiernen Wasserröhren zusammen genagelt. Daher hat das Bleinageleisen Fig. II keine Krone, sondern

dern an deren Statt einen runden Kreis um das Loch, nach der Größe des Bleinagels, und in dem Kreise sind hin und wieder Vertiefungen, worin die Zapfen unter dem Kopf entstehen. Unter diese Arten der Nageleisen lassen sich die übrigen bequem bringen. Das Loch jedes Nageleisens wird mit einem besondern

d) Durchschlag Fig. V. gebohrt. Weil das Loch unten weiter ist, als oben, damit sich die Nägel leicht aus dem Nageleisen stoßen lassen, so schlägt man erst von unten mit einem starken Durchschlag vor, und öffnet nachher das Loch mit dem Durchschlage, der zu dem Nageleisen gehört.

e) Die Hämmer der Nagelschmide, womit sie die Nägel schmieden, haben eine runde Bahn, aber keine Finne, sondern dagegen einen kurzen, aber breiten Kopf. Die Finne würde hier überflüssig seyn. Den Vorschlaghammer, Fig. IV. der gewöhnlich so groß, wie ein starker Handhammer ist, führt der Nagelschmid, wenn er allein kleine Nägel schmiedet, oder auch, wenn er mit einem andern gemeinschaftlich einen großen Nagel schmiedet, und zugleich das Eisen auf dem Amboß lenkt. Der andere Nagelschmid schlägt mit einem Schmiedehammer, der von eben der Art, und etwa noch einmahl so groß, als der vorige ist. Beim Schweißen und Zerhauen der großen Stäbe haben sie gleichfalls Possekel, die etwa 20 Pfund wiegen. Bloß bei dieser Arbeit halten sie das Eisen mit

f) Schmiedezangen.

g) Das

g) Das Eisen zerhauen sie mit dem Schrotmeißel Fig. VI. An und für sich ist es nur ein starker Meißel ohne Stiel. Man spaltet aber auch wohl einen starken Stock an einem Ende von einander, und steckt den Kopf des Schrotmeißels rechtwinklig in die Spalte, doch so, daß der Kopf etwas hervor ragt.

h) Die Kluft Fig. III. ist eine gewöhnliche kleine Feuerzange mit geraden Kneipen, wie man sie auf dem Feuerherde der Küche sieht. Große Nägel werden hiermit gewöhnlich in das Loch des Nageleisens gesetzt, kleine aber nur, wenn man sie in Eil auf dem Schrotmeißel völlig von der Stange abhauet; denn gewöhnlich bleiben diese Nägel noch etwas an der Stange hangen, und man reißt die Stange mit leichter Mühe ab, wenn sich der Nagel schon in dem Nageleisen befindet.

i) Der Schuhfinnenstämpel Fig. VII. ist ein verstählter Stab, der an einem Ende a eine Vertiefung nach der Größe eines Finnenkopfs hat, denn man ebnet hiermit die Köpfe der Finnen. Wenn ein solcher Stämpel geschmiedet ist, so präget der Nagelschmid die Vertiefung in den erwärmten Stab mit einem stark abgerundeten Bunzel ein. Es gehört also für jede Art der Finnen ein besonderer Stämpel und Bunzel. Giebt man dem runden Ende des letzten gravirte Verzierungen, so drucken sich diese in der Vertiefung des Stämpels ab, und der Kopf der Finnen wird bunt. Einige Weißnagelschmide verfertigen verzierte Finnen dieser Art.

C. Der Name dieses Handwerkers zeigt schon an, daß er vorzüglich Nägel schmiedet; denn die übrigen Kleinigkeiten, die er noch verfertigt, als Häspen, Klinken, Riegel, Vorhänge, und andere kleine Stücke, die ohne Feile können bearbeitet werden, beschäftigen ihn nur die wenigste Zeit. Daher wird man am weitläuftigsten von den

a. Nägeln reden. Es würde sehr mühsam seyn, große eiserne Stäbe zu einem kleinen Nagel zu verdünnen. Daher erleichtert sich der Nagelschmid die Arbeit, und zerhauet die Stangen in kleinere Stücke. Ueberdem ist es nöthig, daß das Eisen zu den Nägeln gleichfalls compacter geschweißt werde. Bei dem Krauseisen würde aber beides überflüssig seyn, und es ist jetzt nur die Rede von den flachen Stangen. Diese theilt der Nagelschmid mit dem Schrotmeißel Fig. VI. nach der Länge in zwei gleiche Stücke, und läßt sie vorher in den Kohlen weißglühend werden. Er muß daher die Kohlen in der Esse weiter, als gewöhnlich, ausbreiten. Das ausgewärmte Eisen bringt er unter die Possekel, und schmiedet sie nach seiner Absicht etwas dünner. Denn die Stangen, woraus die Mittelnägel sollen geschweißt werden, bleiben ziemlich in ihrer Dicke, und man zerschrotet sie auch nur in zwei gleiche kleinere Stäbe. Hingegen die Stangen zu kleinen Nägeln schmiedet man um die Hälfte dünner, und zerschrotet jede Hälfte wieder zu drei kleinen flachen Stäben, die etwa $\frac{1}{2}$ Zoll breit sind. In beiden

beiden Fällen verfährt man beim Zerschroten, wie in der vorigen Sammlung S. 225. bereits gezeigt ist. Bleibt das Eisen ziemlich in seiner Dikke, so sagt der Nagelschmid, er habe es gereckt, bei den kleinen Stäben aber, er habe es zerschrotet. Die kleinen geschroteten Stäbe nennt er Zähne. Alle diese Zähne werden vor dem eigentlichen Gebrauch ziemlich zu der Dicke geschmiedet, die der Nagel erhält, der daraus soll geschmiedet werden, doch bleiben sie alle flach. Man begreift leicht, daß vor dieser Bearbeitung die drei kleinen Zähne einer Hälfte völlig müssen zerhauen werden. Nach diesen Vorbereitungen kann nun der Nagelschmid zum Schmieden der Nägel schreiten. Große Nägel schmieden zwei Personen zugleich, mit dem Vorschlag- und Schmiedehammer Fig. IV. An einem Ende einer Stange strecken sie die vier Seiten etwas dünner aus, und bilden zugleich eine Spitze. Daher muß der Meister oder ein Geselle die kleine Stange, die er ohne Zange mit der Hand hält, so lenken, daß der Hammer jederzeit auf eine dieser Seiten schlägt. Das Augenmaß und die Uebung führen hierbei seine Hand. Glaubt er, daß der Nagel lang genug und von allen vier Seiten eben und keilförmig sey, so setzt er den Nagel nach seiner Länge auf dem Amboß ab, oder mit andern Worten zu reden, bloß das Ende des Eisens, woraus der Nagel entstehen soll, liegt auf dem Amboß, und durch die Kante des Ambosses macht er an jeder der vier Seiten einen Ansatz, oder einen kleinen

Absaß, damit der Nagel nicht durch das Loch des Nageleisens falle. Der Hammer schlägt hierbei zwar größten Theils auf die Stelle des Eisens über der Kante des Ambosses, doch muß man stets darauf sehen, daß der Nagel in der Mitte nicht dikker werde, als am Kopfe. Durch die Uebung hat sich der Nagelschmid schon eine Fertigkeit erworben, nur so viel bei jedem Nagel auf dem Amboß abzusetzen, als die Länge jeder Art beträgt, und eben dies gilt auch von der Dicke. Daher kommt es, daß alle Nägel einer Art ziemlich gleich lang und dick sind. Alsdenn eilt man mit der Stange zu dem Blockmeißel Fig. I. a und hauet den Nagel dergestalt ab, daß nur etwas weniges über demselben für den Kopf stehen bleibt. Der Werkmeister hält hierbei das Eisen auf den Meißel, und der Geselle oder Lehrbursche schlägt den Nagel mit dem Hammer ab. In eben dem Augenblick ergreift der erste den Nagel mit der Kluft, Fig. III. steckt ihn in das Loch des Nageleisens Fig. I. d e, und beide geben dem Kopf vier Schläge. Hierdurch erhält er vier kleine dreieckige Flachen, die ihm zugleich eine zugespitzte Gestalt geben. Dies ist aber nur von den mehresten Nägeln zu verstehen, denn einige erhalten einen runden Kopf. Mit eben der Stange, woraus der Nagel geschmiedet ist, schlägt man gegen die Spitze, und hebt ihn hierdurch aus dem Nageleisen. Alles dies geschieht in größter Eile, denn es biegen beständig 6 bis 10 Zähne in dem Feuer der Esse, die unterdessen schon sind weißglühend gewor-

geworden, da man einen Nagel schmiedet, denn diese Hitze wird hierbei erfordert. Kleine Nägel schmiedet nur Ein Nagelschmid, und es ist dabei weiter kein Unterschied, als daß er alles allein verrichten muß, daß er den Nagel etwas an dem Zahn beim Abschroten hangen läßt, ihn mit dem Zahn in das Loch des Nageleisens steckt, und daß er bei sehr kleinen Nägeln bei Einer Hitze wohl zwei Nägel schmieden kann. Mit welcher Geschwindigkeit alles dies geschehe, kann man ungefähr daraus ersehen, daß Ein Arbeiter 2000 Rohrnägel in Einem Tage schmiedet. Sind Eisen und Kohlen gut, so kann er diese Arbeit in 13, ist eines oder das andere aber schlecht, nur in 14 Stunden zurück legen. Alles dies findet in der Hauptsache bei allen Nägeln Statt, und nur bei einigen sind Abänderungen. Es sollen daher alle Arten der bekannten Nägel nach ihrer Größe hinter einander erzählet werden: 1) 2 Gr. Nägel, 2) 1 Gr. Nägel, 3) 6 Pf. Nägel, 4) 3 Pf. Nägel. Diese vier Arten sind die stärksten Nägel, welche die Nagelschmide verfertigen. Ihr Kopf ist zugespitzt, wie bei den mehresten Nägeln, und der eigentliche Nagel ist flach, und hat eine breite keilartige Spitze. Man nagelt hiermit z. B. die stärksten Bohlen an, und wenn sie zu diesem Gebrauch für den Schiffbau geschmiedet werden, so nennt man sie Schiffnägel. Ihren Namen haben sie von dem Preise jedes einzelnen Nagels erhalten. 5) Große Spiekernägel. Von allen Spiekernägeln muß man

Ein

Ein für alle Mahl bemerken, daß sie viereckig sind, oder daß alle vier keilartige Flächen gleich groß sind, und daß ihr Kopf, gleich den vorigen, zugespitzt ist. Bei dieser Art muß er aber nur klein und flach seyn, damit man ihn mit leichter Mühe in das Holz versenken könne, denn man befestigt damit die Dielen der Fußböden in den Palais. Sie werden daher auch nur selten gemacht. Die übrigen Spiekernägel, die noch in der Folge genannt werden, haben zwar eben die Bestimmung, aber ihr Kopf ist schon etwas stärker, und sie sind nicht so lang, als jene. 6) Ordinäre Bodenspieker zu den gewöhnlichen Fußböden. 7) Mit den Thorwegnägeln werden die Thorflügel verziert. Ihr großer Kopf ist entweder zugespitzt, oder rund, gleich einer halben Kugel. Der Kopf der letzten muß daher in einem Nageleisen geschmiedet werden, dessen Krone eben die runde Gestalt hat. Die Nagelschmiede verstehen die Kunst, den Kopf nach der Gestalt der Krone bloß mit dem Hammer in Einer Hitze zu bilden, und völlig rund zu ebnen. 8) Die Lattnägel. 9) Brettnägel und 10) halbe Brettnägel sind flach, und haben einen zugespitzten Kopf. Ihr Gebrauch ist bekannt genug. 11) Die Brettspieker und 12) halbe oder glatte Brettspieker zur Austäfelung des Fußbodens mit Brettern. 13) Die Schloßspieker oder ganze Schloßnägel. Ihr Kopf ist gewöhnlich, und der Nagel selbst hat eine vierkantige Spitze, gegen den Kopf wird er aber flach. Diese Gestalt haben alle Schloßnägel.

14) Die Schindelnägel, zur Befestigung der Schindeln, sind viereckig und dünn, und haben einen halben Kopf, der nur mit zwei Schlägen gebildet wird. 15) Die Holznägel sind nur kleiner, als die vorigen. Der Schuster befestigt hiermit die hölzernen Absätze der Frauenzimmerschuhe. 16) Die halben Schloßnägel sind nur etwas kleiner, als die Schloßspieker, und mit beiden werden die Beschläge der Schlösser angeschlagen. 17) Große und kleine Schuhfinnen. Ihr Kopf wird erst geschmiedet, und alsdenn mit dem Stämpel Fig. VII. geebnet. Der kleine Nagel selbst ist viereckig. 18) Rohrnägel sind kleine Schloßnägel mit stumpfen Spitzen, und es wird hiermit das Rohr beim Spriegeln der Zimmer befestigt. Alle Nägel, die in eine Mauer geschlagen werden sollen, erhalten eine stumpfe Spitze, also auch 19) die Tapetennägel, und eine kleinere Art derselben, die Fensternägel. Der Name sagt schon, daß die Tapeten damit befestigt werden. 20) Große und kleine Kammzwecken verbrauchen die Seiler zu ihrer Arbeit. 21) Endlich sind noch die Bleinägel zu bemerken. Sie sind viereckig, und haben einen starken glatten Kopf. Schon oben ist gesagt, wie die Zapfen unter dem Kopf entstehen. Der Nagel ist 3 Zoll lang.

Einige Anmerkungen, die größten Theils aus dem obigen fließen, werden die Verfertigung der Nägel noch begreiflicher machen. A) Die Nägel der ersten acht Nummern werden aus Krauseisen geschmiedet, die ganzen und halben Brettnägel

aus

aus den starken, die übrigen aus den kleinen Zähnen. B) Alle Nägel bis zu den Brettnägeln schmieden zwei Personen, die übrigen aber nur Ein Arbeiter. C) Die Spiekernägel, Finnen, Schindelnägel und Bleinägel sind vierkantig, die Schloßnägel mit ihren Arten sind zugleich vierkantig und flach, die übrigen aber alle flach. D) Die mehresten Nägel haben einen zugespitzten Kopf, bis auf einige Thorwegnägel, deren Kopf rund ist. E) Die Güte des Nagels kann man daraus erkennen, wenn alle vier Flächen völlig eben und genau keilartig sind. Ist er im Gegentheil in der Mitte dicker, als am Kopfe, so legt er sich bei dem besten Eisen um. Die Nagelschmide nennen solche verdorbene Nägel verkröpfte Nägel.

b) Unter den übrigen kleinen Stücken, die von den Nagelschmiden verfertigt werden, mag eine Häspe zum Beispiel dienen. Das Eisen wird erst zu einem Bleche ausgestreckt, und die Lappen werden mit der Finne des Hammers gebildet. Man weiß schon, daß hierbei das Augenmaß alles thun muß. Das Ende, woraus der Ring zu dem Haken soll gebogen werden, streift man auf der Schärfe des Blockmeißels Fig. I. a rund, und schlägt zugleich mit dem Hammer darauf. Hierdurch wird es nur etwas gebogen, und daher muß es mit dem Hammer auf dem Amboß völlig rund geschlagen werden. Der Nagelschmid steckt endlich einen starken Dorn in den Ring, und bestimmt hierdurch seine Größe und seinen Umfang. Die Löcher zu den Nägeln werden mit einem spitzigen

zigen Dorn durchgeschlagen. Der Haken wird nur aus Einem Stück Eisen geschmiedet, dem man mit dem Hammer an einer Seite eine Spitze, an der andern aber einen runden Zapfen giebt. Diesen schlägt der Nagelschmid auf der Kante des Ambosses rechtwinklig um, und schmiedet zuletzt, der Dauerhaftigkeit wegen, die Kante etwas platt.

D. Die hiesigen Schwarznagelschmide nennen sich zwar Anker- und Nagelschmide, allein die Ankerschmide der Seestädte geben den Gesellen, die bei jenen gelernt haben, keine Arbeit, wenn sie nicht von neuen einige Zeit Lehrbursche werden, und das Ankerschmieden völlig erlernen. Die Lehrbursche der hiesigen Nagelschmide lernen 5 Jahre, wenn sie das Lehrgeld ersparen wollen, sonst aber nur 3 Jahre. Die Gesellen müssen wenigstens 3 Jahre wandern, und werden in jeder Stadt frei im Essen und Trinken unterhalten, denn die Nagelschmide haben ein geschenktes Handwerk. Zum Meisterstück verfertigen sie einen Thorwegnagel, dessen Kopf völlig kugelrund seyn muß, ½ Schock große, und eben so viel kleine Kammzwecken.

II. Der Weißnagelschmid.

A. Er darf gleichfalls nur das hiesige Eisen verarbeiten. Bloß die Schusterzwecken werden aus zähem Schwedischen Eisen geschmiedet. Ueber dies gebraucht er noch folgende Materialien, 1) Essig und 2) Kupferwasser beizt von den

kleinen

kleinen Nägeln, die er 3) mit Englischem Zinn und 4) Unschlitt verzinnen will, den Hammerschlag ab. 5) Mit Leinöl giebt er einer Art der kleinen Nägel eine schwarze Farbe.

Anmerk. Im gemeinen Leben nennt man den grauen oder Eisenvitriol Kupferwasser. Es ist ein Sauersalz, das der Färberei den wichtigsten Nutzen verschafft.

B. Die Handgriffe bei den Nagelschmiden sind im Grunde betrachtet einerlei, und daher muß sich der Weißnagelschmid mit eben den Werkzeugen seine Arbeit erleichtern, als der Schwarznagelschmid. Die Werkzeuge des ersten sind nur etwas kleiner, weil er größten Theils kleine Nägel schmiedet.

a) Seine Esse steht in der Mitte der Werkstätte, und ist an drei Seiten offen, damit alle Arbeiter neben dem Feuer an ihren Ambossen sitzen, und bequem das erwärmte Eisen aus den Kohlen ziehen können.

b) Vor ihren kleinen Ambossen arbeiten sie sitzend. In dem Loche des Stutzers ist unter dem Nageleisen Fig. I. eine Feder f g duch einen Keil befestigt, die bis unter das Loch des Nageleisens reicht. Es ist ein dünnes schmales Blech aus einer Mischung von Stahl und Eisen. Die Spitze des Nagels, dem man in dem Nageleisen einen Kopf geben will, reicht bis auf diese Feder, und der Nagelschmid darf nur etwas weniges unter dies Blech schlagen, so stößt es durch seine

Feder-

Federkraft den Nagel aus dem Loche des Nageleisens. Die Feder muß also genau von dem Loche des Nageleisens so weit abstehen, als die Länge des Nagels beträgt.

C. Dem Weißnagelschmid steht es frei, alle Nägel zu verfertigen, die bei dem vorigen sind genannt worden. Außerdem sind aber noch einige Arten zu bemerken, die bloß von dem Weißnagelschmid geschmiedet werden. Diese dürfen also nur noch erzählt werden, denn die Handgriffe beim Schmieden sind bereits bei dem Schwarznagelschmid angezeigt worden.

a) Die runden Schusterzwecken, womit der Schuster das ausgespannte Leder auf dem Leisten befestigt, können nur aus Schwedischem Eisen geschmiedet werden, weil sie vorzüglich dauerhaft seyn müssen. Durch das beständige Umdrehen des Zahns beim Schmieden wird die Zwecke unter dem Hammer rund, und den platten Kopf giebt man ihr in einem Nageleisen ohne Krone. Aus dem Loche des Nageleisens wird sie sogleich in ein Gefäß mit kaltem Wasser gestoßen, und hierdurch abgehärtet. Die wenigsten Nagelschmiede können diese Zwecken verfertigen, denn die runden Nägel werden gewöhnlich durch die Zeugschmiede geschmiedet.

b) Die langen Absatzzwecken, womit die Schuster den Absatz eines Schuhes befestigen, sind rund und haben einen hohen vierkantigen Kopf. Ihre ganze Länge beträgt etwa 3 Zoll. Bis auf den Kopf werden sie völlig, wie die Zwecken geschmiedet.

Für diesen läßt man beim Abhauen des Nagels ein ziemliches Stück Eisen stehen, und schlägt es in dem Nageleisen oben platt. Alsdenn wird der Kopf auf dem Amboß mit dem Hammer vierkantig geschmiedet, und abermals in dem Nageleisen oben niedergeschlagen. Damit die Zange des Schusters diese Zwecken besser halten könne, so giebt man dem Kopf an der Seite zwei Reifen oder Einschnitte. Der Nagelschmid hauet sie kalt mit einem Meißel, und feilt sie hernach aus.

c) Die Kammzwecken, kleine Schloßnägel, die nur einige Linien lang sind, müssen auf dem Amboß so fein ausgearbeitet werden, daß 1500 in einer Eierschale auf dem Wasser schwimmen. Sie erhalten daher auch den Namen der Wasserschwimmer. Vermuthlich haben sie nur alsdenn diese Eigenschaft, wenn sie zum Meisterstück verfertigt werden. Die Buchbinder befestigen hiermit die Haken an den Büchern.

c) Insbesondere unterscheidet sich der Weißnagelschmid von dem Schwarznagelschmid durch die weißen oder verzinnten Nägel. Es sind Finnen von verschiedener Größe, und ihr Kopf wird auch auf eben die Art mit einem Stämpel gerundet, wie bei den Schusterfinnen von dem Schwarznagelschmid. Die größten heißen 1) Buckelfinnen. Es werden hiermit die Blasbälge beschlagen, und daher sind einige größer, als die andern. Auf diese folgen nach der Größe 2) die halben und ganzen Kreuznägel, zum Beschlagen der Kutschen und Koffer, 3) Stollnägel, zum

Beschla-

Beschlagen der Sättel. Einige verzinnt man, andre erhalten im Leinöhl eine schwarze Farbe. 4) Den Spießnägeln geben die Gürtler einen messingenen Kopf. 5) Die Sargnägel, zu dem verzinnten Beschlage eines Sarges, sind die kleinsten.)

Es muß also noch das Nöthige von dem Verzinnen und Schwärzen der Nägel, und von der Verfertigung des messingenen Kopfs gesagt werden. 1) Die Nägel, welche man verzinnen will, muß man, wie das Eisenblech, erst beizen und hierdurch von dem Hammerschlag reinigen. Die Nagelschmiede nehmen hierzu Kupferwasser und Essig. Zu 1000 Stück Nägeln schütten sie in einen Topf für 3 Pf. Weinessig und für 6 Pf. Kupferwasser, und lassen es beim Feuer heiß werden. Werden die Nägel hernach in dem Topf einige Zeit geschüttelt, so geht alle Unreinigkeit ab. Man läßt sie trocken werden, macht zu 1000 Nägeln 8 Loth Englisches Zinn, und halb so viel Unschlitt in einem eisernen Topf flüssig, schüttet die Nägel in den Topf, und bedeckt ihn mit einer eisernen Stürze, die ein kleines Loch hat. In diesem Zustande bleiben sie so lange in glühenden Kohlen stehen, bis aus dem Topf ein brauner Rauch steigt, denn dies ist das Zeichen, daß die Nägel bereits verzinnt sind. Während dieser Zeit müssen sie in dem Topf gleichfalls zuweilen geschüttelt werden, daß sie nicht zusammen kleben, und wenn sie nach dem genannten Zeichen von dem Feuer abgenommen werden, so muß man diese Arbeit eine halbe Stunde fortsetzen. Das Zinn verzehrt sich völlig, der Ueberrest des Talges kann aber bei einer neuen Verzinnung wieder gebraucht werden. Endlich legt man sie in Holzlauge, und schüttelt sie hernach mit eichenen Sägespänen in einem Sack. Dies nimmt die Fettigkeit des Talges ab. 2) Bloß den Stollnägeln giebt der Nagelschmid zuweilen mit Leinöhl eine schwarze Farbe. Das Leinöhl wird gleichfalls mit den Nägeln in einen eisernen Topf geschüttet, zugedeckt, und an das Feuer gesetzt. Das Leinöhl muß abdampfen, und alsdenn werden die Nägel noch einige Zeit in dem Topf geschüttelt. Zuweilen geben die Nagelschmiede auch den starken Köpfen der Thorwegnägel einen schwarzen Anstrich. Sie bestreichen den Kopf mit Leinöhl, und halten ihn über glühende Kohlen, bis das Leinöhl trocken ist. 3) Die Nagelschmiede verfertigen zwar nicht den messingenen Kopf der Zinnen, sondern die Gürtler, unterdessen verdient es doch hier bemerkt zu werden, damit das Wichtigste von diesen kleinen Nägeln beisammen stehe. Ein Gürtler, der diese Arbeit verfertigen will, muß sich hierzu einen Windofen der Knaufmacher mit seiner blechernen Stürze anschaffen. 5te Samml S. 134. Daher kommt es, daß sich nur wenige Gürtler hiermit abgeben. Die messingenen Köpfe werden mit dem Aushauer aus Rollenblech, wie die Knopfplatten, ausgestochen, und wenn sie sollen versilbert werden, so wird vorher die ganze Messingtafel auf die gewöhnliche Art versilbert. Der Gürtler macht sie auch, wie die Knopfplatten,

in

in einer Anke rund, und wenn sie ein Muster erhalten sollen, so bringt er sie in eine gravirte Stanze. 5te Samml. S. 118. Wenn sie ihre gewöhnliche Gestalt in der Anke und Stanze erhalten haben, so legt man sie, wie der Knaufmacher die gelötheten Knöpfe, in die Löcher der Stürze auf den Windofen, und läßt sie heiß werden. Der Gürtler hat schon vorher Salmiak in Wasser aufgelöset, und in eine kleine gedrechselte Kanne, mit einer dünnen Röhre, gegossen. Mit diesem Gefäß kann er leicht in jeden messingenen Nagelkopf einen Tropfen Salmiakwasser träufeln, den die Hitze sogleich in einen weißen Bodensatz verwandelt. Neben dem Ofen steht in einem Tiegel flüssiges Zinn und hierein taucht der Gürtler den eisernen Kopf des Nagels mit der rechten Hand, und setzt ihn auf den Salmiak in den messingenen Kopf. Mit der linken Hand kühlt er sogleich das Zinn, vermittelst eines Pinsels, mit kaltem Wasser ab. Der Salmiak befördert hierbey bekanntermaßen die Vereinigung der Metalle.

D. Der erste Weißnagelschmid ließ sich höchstens vor 70 Jahren in Berlin nieder. Die Schwarznagelschmiede brachten es damals dahin, daß noch bis jetzt die Weißnagelschmiede jedesmal nur einen Lehrburschen in die Lehre nehmen dürfen. In andern Städten, z. B. in Halle, geben es im Gegentheil die Weißnagelschmiede nicht zu, daß sich ein Schwarznagel-

 schmid

schmid setze. Kurz beide Arten der Nagelschmiede hegen gegen einander einen Professionshaß. Die Lehrbursche der Weißnagelschmiede erlernen insgemein dieses Handwerk in 5 Jahren unendgeldlich. Ein Lehrgeld kann diese Zeit bis auf 3 Jahre verkürzen. Die Gesellen wandern gewöhnlich 3 Jahre. Man reicht einem ankommenden Gesellen auf der Herberge freien Unterhalt, und wenn er in einer Stadt keine Arbeit findet, so muß ihm jeder Gesell in den Werkstätten überdies noch 6 Pf. zum Geschenk geben. Ihr Meisterstück besteht aus 2 Schock zwölfzölligen Nägeln, 2½ Schock runden und flachen Thorwegnägeln, und 1500 Wasserschwimmern.

Zweiter Abschnitt.

Der Schlösser.

I. Inhalt. In der Werkstätte des Schlössers werden schon weit künstlichere Arbeiten verfertigt, als bei den Grobschmieden. Er schmiedet zwar auch das Eisen und den Stahl mit dem Amboß und Hammer; allein er giebt überdem noch diesen Metallen mit Meißeln, Feilen, Kluppen, Gesenken, und verschiedenen andern Werkzeugen eine künstliche Gestalt. Insgemein beschäftigt er sich mit Beschlägen an Thüren, Fenstern und Kasten, worunter aber das Schloß vorzüglich verdienet bemerkt zu werden. Geschickten Schlössern ist es auch etwas leichtes, die Arbeiten der übrigen künstlichen Eisenarbeiter zu verfertigen, die in der Folge noch sollen erzählt werden, und man kann mit Recht sagen, daß alle diese Professionisten von ihnen abstammen. Es wird daher einen großen Einfluß auf die nächsten Abschnitte haben, wenn die Geschicklichkeit des Schlössers gehörig ins Licht gesetzt ist.

Anmerk. In diesem und zum Theil auch im letzten Abschnitt der vorigen Sammlung hat die vortreffliche Beschreibung des Schlössers von dem Herrn Duhamel, im 9ten Theil des Schauplatzes der Künste und Handwerke, gute Dienste gethan

gethan. Doch ist aus dieser Schrift nie etwas entlehnt worden, bis man einen hiesigen geschickten Schlösser deshalb zu Rathe gezogen hat; denn die Französischen und Deutschen Handwerker weichen oft in ihren Handgriffen von einander ab.

II. Die mehresten Materialien des Schlössers können schon aus dem letzten Abschnitt der vorigen Sammlung voraus gesetzt werden.

A. Der Leser wird sich noch aus dem gedachten Abschnitt erinnern, daß der Schlösser nur das weiche Eisen gebrauchen kann. 5te Sammlung S. 200. Zu einigen Arbeiten ersteht er auch Eisenblech von verschiedener Stärke, das er von den Einlandischen eisenhämmern erhält.

B. Den Stahl verarbeitet er nur zu Federn, und bei Verfertigung seiner Werkzeuge. 5te Sammlung, S. 202.

C. Das Kupfer nützet ihm beim Löthen starker Arbeiten, und er erleichtert den Fluß dieses Metalls nicht mit Borax, sondern durch zerstoßenes Glas, mit eben dem Nutzen und ohne Kosten.

D. Bei geringen Stücken löthet er mit Messing, und er bedient sich hierbei gleichfalls des zerstoßenen Glases. Aus starkem Messingblech werden von ihm Schilder an den Schlössern verfertigt, und mit dünneren Blechen dieser Art überzieht er zuweilen die eisernen Beschläge.

E. Stein- und Holzkohlen gebraucht er zum Wärmen des Eisens. 5te Samml. S. 203.

III. Ei-

III. Einen weit größern Raum, als die Materialien, werden die Werkzeuge des Schlössers einnehmen. Es lassen sich aber nur die gewöhnlichen berühren, denn die Schlösser verfertigen sich oft bei besondern Vorfällen Werkzeuge, die man in den wenigsten Werkstätten entdeckt. Viele sind unterdessen schon bei dem Grobschmid beschrieben worden.

A. Der Schlösser schmiedet insgemein nur dünne Stücken Eisen, und daher ist seine Esse nur klein. Muß er ja bei einigen Vorfällen große Stangen wärmen, so legt er auf den Blasebalg noch einen Stein, und vermehrt hierdurch die Kraft und Geschwindigkeit dieses Instruments. Zur Esse gehört ein Löschtrog, Kohlenwisch, Kohlenhaken, Löschspieß und Sandlöffel, wie bei den Grobschmieden.

B. Beim Schmieden sind ihm die gewöhnlichen Schmiedezangen des Grobschmids unentbehrlich, doch sind sie in dieser Werkstätte etwas kleiner. Ueberdem sieht man bei ihm noch Kneipzangen zum Beschlagen, Spitz- und Breitzangen zu allen feinen Arbeiten.

C. Die Amboße in dieser Werkstätte sind von dreifacher Art. 1) Der Schmiedeamboß Tab. I. Fig. VIII. ist kleiner, als der Amboß der Grobschmiede, denn er wiegt nicht über 2 Centner. An der einen schmalen Seite ist ein Sperrhorn a angebracht, weil die Schlösser beim

Schmieden dies Werkzeug oft gleich bei der Hand haben müssen. An eben dieser Seite ist auch auf der Bahn ein Loch b, worein Sprenggabeln, Unterlagen der Gesenke, und andre kleine Werkzeuge gesetzt werden. In dem Amboßstock steckt noch ein Schrotmeißel c. Das Sperrhorn und der Stockamboß stehen auf kleinen Amboßstöcken neben der Werkbank, einem gewönlichen starken Tisch, worauf die kleinen Werkzeuge des Schlössers liegen. 2) Das Sperrhorn Fig. IX. ist nur halb so groß, als bei den Grobschmieden, und hat bekanntermaßen ein rundes und vierkantiges Horn. Auf dem Werktische liegen kleinere Werkzeuge dieser Art. 3) Die ebene Bahn des Stockambosses Fig. X. hat etwa ½ Fuß ins Gevierte. Seine Bestimmuug ist, das Eisen darauf zu legen, wenn man es polirt, oder mit dem Hammer kalt bearbeiter.

D. Der Schlösser schweißt das Eisen gleichfalls mit Kreuz- und Vorpossekeln, die 25 bis 30 Pfund wiegen. Man siehet auch leicht, daß er die Vorschlaghämmer, Schrothämmer, oder Schrootmeißel, Spitzhämmer, und Schlichthämmer der Grobschmiede nicht entbehren kann. 5te Samml. S. 207.

E. Die Meißel. 1) Mit dem Hartmeißel Fig XI. zerschlägt der Schlösser das Eisen kalt, und daher muß seine breite Schärfe vorzüglich gut verstählt seyn. Bei eben dieser Arbeit gebraucht er auch 2) den Bankmeißel Fig. XIV, der

der nur kleiner ist, als der vorige. Die Gestalt dieser Instrumente ist bekannt, und es ist nur zu bemerken, daß bei einigen die Schneide gerade, bei andern halbrund ist. 3) Die Kreuzmeißel laufen theils spitz an einem Ende zusammen F. XII, theils ist ihre Schärfe schief abgehauen Fig. XIII. Beide Arten haben in a eine kleine breite Spitze, womit die Einrichtung in dem Bart der Schlüssel kalt ausgehauen wird. 4) Der Setzmeißel Fig. XV. ist der Setzhammer der Grobschmiede. Man wird sich noch erinnern, daß hiermit ein Ansatz oder Einschnitt in das Eisen gemacht wird, z. B. beim Schmieden der Knöpfe an den Stangen.

F. Die Blechschere gleicht völlig den Stockscheren, die schon oft beschrieben sind. Sie ist aber stärker, und steht nicht, wie bei den Kupfer- und Messingarbeitern, auf einem Klotz, sondern der eine Schenkel wird in den Schraubstock gespannt, wenn man hiermit Eisen oder Messingblech zerschneiden will.

G. Die Beschreibung des Schraubstocks steht schon auf der 215ten Seite der vorigen Sammlung. Er wird in dieser Werkstätte weit häufiger gebraucht, als bei dem Grobschmid, und daher bemerkt man an der Werkbank für jeden Arbeiter einen besondern Deutschen oder Französischen Schraubstock. Kleinigkeiten werden in der Hand mit den Feilkloben Fig. XVI. festgehalten. Es sind kleine Schraubstöcke, die statt des Spindels bei den großen Schraubstöcken oft eine messingene Flügelschraube a haben. Die Gestalt und den Gebrauch des Reifklobens beschreibt schon die 9te Seite der 5ten Sammlung.

Anmerk. Die Eisenarbeiter können sich zwar die Schraubestöcke selbst verfertigen, wie sie sich denn auch genöthiget sehen, sie bei einer Beschädigung auszubessern; allein sie ersparen Mühe und Kosten, wenn sie dies Werkzeug kaufen. In dem Herzogthum Bergen in Westphalen giebt es Schlösser, die sich bloß mit dem Schmieden der Schraubstöcke abgeben, und sie an die übrigen Schlösser nach dem Gewichte verkaufen. Man bezahlt jedes Pfund nur mit 4 Gr.

H. Was die Grobschmiede Senkhämmer nennen, daß heißt bei den Schlössern Gesenke. Es ist daher nicht nöthig, die Beschreibung dieser Werkzeuge zu wiederholen; aber dies muß bemerket werden, daß der Schlösser in mehrern Fällen dies Instrument gebraucht, als der Grobschmid. Diese bilden nur hiermit die Knöpfe an den zierlichen Stangen, aber die Schlösser ebnen außerdem noch in den Gesenken alle Arten der zierlichen Knöpfe, z. B. die Knöpfe unter dem Griff der Französischen Schlüssel, die Handgriffe an den Thüren und Kasten, ja sogar Holzschrauben, und d. m. Verfertigen sie eine massive Arbeit, die sich mühsam mit der Feile bearbeiten läßt, häufig, so machen sie sich hierzu ein Gesenk, und ersparen hierdurch viel Zeit und Mühe. Die Gesenke der Schlösser bestehen gleichfalls aus einem Hammer,

und

und einer Unterlage. 5te Samml. S. 210. Bloß beim Schlüsselsenk Fig. XVIII. ist kein Hammer nöthig, sondern ein Dorn vertritt dessen Stelle. Es ist ein kleiner Amboß, auf dessen Bahn nach einem halben Cylinder Einschnitte von verschiedener Größe gemacht sind. Die Schlösser krümmen hierin ein plattes Blech zu einer Röhre. Sie biegen nämlich das erwärmte Blech mit dem Hammer um einen runden Dorn, legen es in einen Einschnitt des Schlüsselsenks, worein es paßt, drehen es beständig um, und schlagen auf das Blech stets mit einem Hammer. Hierdurch nimmt das erwärmte Blech die Gestalt des Einschnitts an. Daher besitzen die Schlösser Dörner in großer Menge von aller Art. Die Röhren der Deutschen Schlüssel werden auf diese Art rund geschmiedet, und hiervon hat dies Werkzeug seinen Namen erhalten.

Die Gesenke lassen sich mit leichter Mühe verfertigen. Der Schlösser feilt den Knopf, wozu er sich ein Gesenk verfertigen will, aus Stahl völlig zu rechte, und schmiedet den Senkhammer mit seiner Unterlage gleichfalls aus Stahl. Den Unterlagen giebt er stets eine vierkantige Angel Fig. XVIII. a, denn diese setzt man beim Gebrauch in das Loch des Schmiedeambosses Fig. VIII. b. und hierdurch wird das Gesenk befestigt. Bei der Verfertigung dieses Werkzeugs macht man die Bahn der Unterlage weißglühend, legt den gefeilten Knopf, der hierbei das Modell ist, auf die Mitte der Bahn dieser Unterlage, und treibt ihn mit dem Hammer zur Hälfte in das Metall. Es muß daher schon vorher der Knopf in zwei Theile nach der Länge abgetheilt seyn. Der Senkhammer wird gleichfalls gewärmt, und in die Mitte seiner Bahn die andre Hälfte des Knopfs hinein getrieben. Die Schlüsselsenke verfertigt der Schlösser auf eben die Art mit runden Dörnern von verschiedener Dicke. Die Gesenke geben dem massiven Eisen eine künstliche Figur, und

J. Die Kluppen den Blechen und Schrauben. Die Fensterkluppen Fig. XVII. 1. 2. sind zwei schmale, aber starke eiserne Platten, die in a und b zusammen genietet sind, doch so, daß man in die Spalte zwischen beiden ein starkes Blech stecken kann. Beide Platten haben die bekannte Gestalt eines Lappens an den Häspen der Fenster, und ihr Umfang ist auch, wie diese Eisen, ausgeschweift. Das Blech, woraus der Lappen entstehen soll, wird aus Eisen geschmiedet, und in die Spalte der Kluppe gesteckt, daß es auf allen Seiten etwas aus der Kluppe vorsteht. Die Kluppe wird alsdenn, mit dem Blech in seiner Spalte, in den Schraubstock gespannt, und die vorstehenden Streifen des Blechs werden mit dem Kaltschlagmeißel und Hammer, nach der Länge der Kluppe, auf beiden Seiten abgenommen. Man bemerkt leicht, daß hierdurch das Blech die Gestalt der Kluppe erhält. Die Hälften dieser Kluppen sind inwendig verstählt, damit der Meißel sie nicht beschädige. Kleinigkeiten dieser Art werden jederzeit in Kluppen ausgeschweift, oder auch nach

blecher-

blechernen Mustern. Doch hiervon soll an einem bequemern Ort geredet werden. 2) Mit den Schneidekluppen schneiden die Schlösser spitzige Holzschrauben. Fig. XX. Sie gleichen beinahe einer Schere, außer daß die schmalen Flächen in a b genau auf einander liegen. Diese Flächen sind von Stahl, und bilden vereinigt mehrere Schraubenmütter von verschiedenet Größe. Das dicke Ende des spitzigen Stifts, so man in eine Holzschraube verwandeln will, legt der Schlösser in ein Loch der Schneidekluppe, drückt beide Theile der Kluppe an ihren Griffen fest zusammen, und windet den Stift mit der Zange aus dem Loche der Kluppe. Beide Hälften der Kluppe sind in a nur durch ein Niet vereiniget; daher nähern sie sich nach der abnehmenden Dicke des Stifts, und schneiden zugleich in den Stift Schraubengänge. 3) Die Schlüsselkluppe Fig. XIX. ist ein schmales Blech, das nach einer Figur gebogen ist, die das Auge am besten in der Zeichnung entdecken kann. Man hält hiermit den Bart des Schlüssels fest, wenn die Einrichtung mit dem Kreuzmeißel ausgehauen wird. Der Bart liegt auf den beiden Absätzen in a. Die Kluppe wird in den Schraubstock gespannt, und hierdurch der Bart gehindert, daß er bei der Arbeit nicht ausweichen kann.

K. Der Feilbogen Fig. XXI. ist eine Säge, aus dem härtesten Stahl geschmiedet, und in einem eisernen Bogen a d c befestigt. Die Säge selbst a b hat an jedem Ende ein kleines vierkantiges

N. Ein Handpolirstahl Fig. XL. gleicht einem starken und etwas gebogenen Drahte von Stahl, an einem hölzernen Griff. Der Schlösser gebraucht ihn selten, und nur bei Kleinigkeiten.

O. Das Nageleisen Fig. XLI. ist bereits aus den vorigen Abschnitten hinreichend bekannt, so wie auch das

P. Schneideeisen mit seinem Windeisen, zur Verfertigung der Schrauben mit ihren Schraubenmüttern, in dem letzten Abschnitt der vorigen Sammlung schon beschrieben ist.

Q. Große Löcher schlägt der Schlösser mit dem Durchschlag, einem zugespitzten Stahl, Fig. XXXIII. in das Eisen. Bei sehr großen Löchern liegt hierbei das Eisen auf dem Lochring F. XXXII, bei kleinen auf der Lochscheibe Fig. XLII. 5te S. S. 214. Der Durchschlag wird mit dem Hammer getrieben.

R. Kleine Löcher bohrt der Professionist mit verschiedenen Bohrern. 1) Der Rennspindel der Schlösser ist nur stärker und länger, als eben dies Instrument bei den Messingarbeitern. 2) Der Reibewohl oder die Brustleier Fig. XXXVIII. ist dem Draufbohrer der Tischler völlig gleich, außer daß sein Gestelle abc gleichfalls von Eisen ist. Die eiserne Scheibe a ist an einem Zapfen beweglich, und wird beim Bohren vor die Brust gesetzt. Der Stift cd, wodurch eigentlich das Loch entstehet, kann abgenommen, und dagegen ein

ein größerer oder kleinerer eingesetzt werden. Bei beiden Bohrern muß der Stift zum öftern beim Gebrauch in Oehl getaucht werden. Löcher, die durchgängig gleich weit sind, werden hiermit gebohrt, oder auch nur erweitert. Den letzten Zweck erreicht der Schlösser auch 3) mit dem Reibahl Fig. XLIII. einem vierkantigen Durchschlag.

S. Der Dorn ist bereits bekannt genug. Man siehet bei dem Schlösser vierkantige und runde, kleine und große in ziemlicher Anzahl. Beim Erweitern der großen Löcher mit einem Dorn wird das Eisen gleichfalls auf den Lochring gelegt. Fig. XXXII.

T. Die Bunzelmeißel der Schlösser F. XXVII. gleichen beinahe einem Spitzhammer. Ihre stumpfen stählernen Spitzen sind bei einigen rund, bei andern halbrund, oder auch oval. Der Schlösser gebraucht sie zu eben der Absicht, wie die übrigen Metallarbeiter die Bunzen, nämlich das Eisen zu treiben z. B. die Beschläge der Koffer. Das dünne Eisen liegt bei dieser Arbeit auf einer Bleitafel, und den Bunzelmeißel treibt ein Hammer. Daher hat er auch einen Kopf.

U. Die halben Monde haben ihren Namen von ihrer Gestalt erhalten. Fig. XXVI. Sie haben, wie ein Bunzelmeißel, einen Stiel und einen Kopf, aber statt der stumpfen Spitze der letztern erhalten jene einen halbrunden starken Meißel, gleich einem halben Monde. Bei Verfertigung der Sprengwerke müssen sie nebst der

V. Sprenggabel die besten Dienste thun. Dies Werkzeug besteht aus zwei Stücken. Der eine Theil siehet wie eine starke Gabel aus. Fig. XXXIX. b. Beim Gebrauch wird ihr Zapfen in das Loch des Schmiedeambosses gesteckt. Die Gabel des andern Theils Fig. XXXIX. a macht mit ihrem eisernen Stiel einen rechten Winkel.

W. Die Schraubenschlüssel sind jedem als ein Eisen mit einem vierkantigen Ringe an jedem Ende bekannt, wodurch die Schraubenmütter angezogen werden, so wie auch die Schraubenzieher als ein Stift, den man in den Einschnitt auf dem Kopf einer Holzschraube setzt, wenn man sie abnehmen will.

X. Auf das Nieteisen Fig. XXXV, ein vierkantiges Eisen mit einer stählernen Bahn, legt der Schlösser beim Vernieten den Kopf eines Niets, wenn er sonst nicht zukommen kann.

Y. Der Sternkeil Fig. XXXVI. hat vorne eine breite und geschärfte Spitze, gleich einem kleinen Meißel; denn man zerschlägt hiermit das Blech kalt, wie sich unten ergeben wird.

Z. Der Bandmeißel Fig. XXXVII. ist an einem Ende nach einem Zirkelbogen ausgeschnitten, und hat an den äußersten Spitzen eine Schärfe. Er wird bei Verfertigung der Fischbänder an den Thüren gebraucht.

A A. Das Reifeisen spannt man neben einem langen Bleche in den Reifkloben, wenn man das Blech feilen will, damit es sich nicht biege. Fig. XLIV.

B B. Der

B B. Der Kerner Fig. XXXIV. ist ein Spitzhammer mit einer stumpfen Spitze, die nach einer halben Kugel abgerundet ist. Er hat seinen Nutzen, wenn man große Löcher durchschlagen will.

C C. Dieterriche von verschiedener Größe auf einem Ringe nennt der Schlösser ein Sperrzeug. Fig. XLV. Er sagt daher auch, wenn er ein Schloß öffnet, er habe es gesperrt.

IV. Die Beschläge an den Gebäuden, Koffern und Schränken beschäftigen die Schlösser die mehreste Zeit. Daher wird man sie vorzüglich suchen ins Licht zu setzen. Die übrigen gewöhnlichen Arbeiten der Schlösser werden sich alsdenn leicht aus der Beschreibung dieser Stücke erklären lassen. Vorher ist nur noch zweierlei zu bemerken. 1) Dem Schlösser kommt es ursprünglich zu, alles Eisenwerk an einem Gebäude zu verfertigen, es mag zur Dauerhaftigkeit, oder zur Zierde gereichen, die sehr großen Anker ausgenommen, wozu seine Esse zu klein ist. Diese muß er daher dem Grobschmid überlassen. 2) Das Schweißen und Schmieden des Eisens wird aus dem letzten Abschnitt der vorigen Sammlung Seite 223 in der Folge jederzeit voraus gesetzt werden.

A. Den Anfang soll der Beschlag einer Thür mit einem Französischen Schlosse, und mit Fischbändern, statt der Häspen, machen.

 a) Es

a) Es ist nicht zu läugnen, daß man bei einem Französischen Schlosse weit sicherer geht, als bei einem Deutschen, und man ist hiervon, wenigstens in Berlin, schon dergestalt überzeugt, daß die hiesigen Schlösser nur sehr selten Deutsche Schlösser verfertigen. Es läßt sich aber nicht gut voraus setzen, daß jedem die Einrichtung und der Mechanismus eines solchen Schlosses bekannt sey, und daher wird es nöthig seyn, von beiden eine Entwickelung voraus zu schicken. Die Verfertigung der Theile wird sich alsdenn desto leichter zeigen lassen. Eine Zeichnung ist hierbei unumgänglich nöthig, und die XLVI, XLVII, XLVIII, XLIX. Fig. werden daher alle Theile des Schlosses begreiflich machen. Fig. XLVI. stellt das Schloß so vor, wie es in die Augen fällt, wenn man es öffnet. Fig. XLVII. ist der abgenommene Deckel des Schlosses und Fig. XLVIII. der Riegel des Schlosses mit der Zuhaltung verkehrt genommen. Die Zuhaltung liegt unten, der Riegel oben, wie im Gegentheil Fig. XLVI. die Zuhaltung oben, und unter dieser der Riegel liegt. Fig. XLIX. ist der Französische Schlüssel. Alle Theile des Schlosses umgiebt ein viereckiger Kasten von Eisenblech a b c Fig. XLVI. Der Boden und das aufgerichtete Blech a c ist aus einem Stücke gebogen, und heißt zusammen das Schloßblech. An dem Bleche a c ist die Stulpe d e angenietet, eine dünne eiserne Stange, die so breit, als das Seitenblech, aber etwas länger ist. Den übrigen Umfang des Bodens umgiebt das Seitenblech a b c, oder der Um-

Umschweif. Er ist aus einem schmalen Bleche gebogen, und hält durch einige kleine Eisen mit Zapfen an beiden Enden, wie a und b, den Boden und den Deckel Fig. XLVII. zusammen. Daher muß der Umschweif so hoch seyn, als das Stulpblech ac. Der Deckel ist bloß ein gerades Blech, so groß, als das Schloßblech. Er wird erst aufgesetzt, wenn der Schlösser das Schloß anschlägt, und hält alsdenn mit dem Schloßbleche alle Theile zusammen. Daher wird man für jeden Stift der XLVI. Fig. ein Loch in dem Deckel Fig. XLVII. bemerken. Mit Beihülfe der Buchstaben in der XLVI. und XLVII. Fig. kann der Leser leicht in der Folge unterscheiden, zu welchem Stifte jedes Loch des Deckels gehört.

Das gezeichnete Schloß besteht aus dem eigentlichen Schlosse in der Mitte, aus einer schießenden Falle über, und einem Nachtriegel unter dem eigentlichen Schlosse. 1) Der wichtigste Theil des Schlosses ist der Riegel, wovon man aber Fig. XLVI. nur den obern Theil entdecken kann, weil das übrige die Zuhaltung verbirgt. Allein in der XLVIII. Fig. wird er völlig in die Augen fallen. g h heißt der Kopf des Riegels, der um ein ziemliches stärker ist, als der Schaft g f. Wenn man das Schloß verschließt, so greift der Kopf in das Schloßblech an der Thürpfoste. In der Mitte des Schafts ist ein schmaler Einschnitt i k, und auf einem Stift in diesem Einschnitt y läßt sich der Riegel hin und her schieben. Statt dessen geben einige Schlösser dem Riegel eine Studel, wovon sogleich bei der schießenden Falle die Rede seyn wird. Eben der Stift y hält ein schmales Messingblech, die Strafffeder, unter dem Riegel fest, welche hindert, daß sich der Riegel nicht leicht zurück schieben läßt. So wohl oben, als unten hat der Riegel Einschnitte. An dem untersten ergreift der Bart des Schlüssels den Riegel, und daher nennt man sie Angriffe l, m. Die obersten heißen Einstriche n, o. Die Zuhaltung hält in diesen letztern Einschnitten den Riegel. Einige Schlösser geben dem Riegel drei Einstriche, allein bei dem gezeichneten Schlosse vertritt das Ende des Riegels die Stelle des dritten. Die Zuhaltung F. XLVI. XLVIII. p q r hält den Riegel fest, so wohl wenn das Schloß offen, als wenn es verschlossen ist, und hindert zugleich, daß es nicht von dem Dietrich kann aufgesperret werden. Sie besteht aus einer schmalen Feder p q, die vorne in q auf dem Riegel aufliegt, und die daher so breit seyn muß, als der Riegel; und aus einem starken Lappen q r, der mit der Feder einen rechten Winkel macht, und in r etwas unter dem Riegel hervor ragt. Das Ende p des obern Theils der Zuhaltung vertritt die Stelle einer Feder, und ist daher in p um einen viereckigen Stift geschlungen. Einige Schlösser machen aus der Zuhaltung und Feder zwei besondere Stücke, und in diesem Fall ruht die Feder auf der Zuhaltung. In q hat die Feder einen rechtwinkligen Widerhaken, der in die Einstriche n, o fällt, und den Riegel fest hält. Er heißt der Einstrich der Zuhaltung.

haltung. Fig. XLVI. liegt der Lappen der Zuhaltung über, Fig. XLVII. aber unter dem Riegel, weil die letzte Zeichnung den Riegel verkehrt darstellt. Unter dem Riegel befindet sich die Einrichtung Fig. XLVI. v t u w. Sie hindert, daß nicht jeder Schlüssel, der in das Schlüsselloch gesteckt werden kann, das Schloß schließe. Sie besteht aus dem Mittelbruch t u, der mit dem Boden des Schlosses parallel läuft, und sich kurz unter den Angriffen des Riegels endet; aus zwei kleinen Säulen t und u, die das Mittelbruchblech tragen, und es um die Hälfte des Barts am Schlüssel von dem Boden des Schlosses entfernen; und aus der Besatzung, einem oder zwei aufgerichteten Blechen, die nach einem halben Zirkel gebogen sind, und sich in v und w enden. Diese Bleche umgeben ein Loch des Mittelbruchs, worin das Rohr des Schlüssels passet, denn der runde Kreis des Schlüssellochs, für das Rohr des Schlüssels im Bodenblech, läuft mit diesem Loche im Mittelbruch parallel. Billig muß im jedem Schlosse die Besatzung verändert werden; denn diese hält eben den Bart eines fremden Schlüssels ab, daß er die Zuhaltung und den Riegel nicht erreichen kann. Daher besteht sie in einigen Schlössern zwar nur aus einem aufgerichteten schmalen Bleche; bei andern aber aus zwei Kreisen. Zuweilen haben diese Bleche oben Widerhaken, und bei einigen Besatzungen steht das runde Blech nicht senkrecht, sondern schief auf dem Mittelbruchblech. Wiewohl, es ist unmöglich, alle Abänderungen der Besatzung zu

 erzäh-

erzählen, denn es hängt von der Willkür des Meisters ab. Man bemerke nur noch, daß unter dem Mittelbruch eine Besatzung von eben der Größe liegt, als auf diesem Blech. In dem gezeichneten Schlosse war nur ein Kreis von Blech, der auf beiden Seiten Widerhaken hatte. Dies wird am besten aus der Gestalt des Barts am Schlüssel Fig. XLIX. begreiflich werden. Ein Französischer Schlüssel wird aus einem Stücke Eisen geschmiedet, und besteht aus der Reute a b, dem Rohr b c, und dem Bart d e. Es ist bekannt, daß der Bart eines Schlüssels Einschnitte hat, die genau nach der Einrichtung des Schlosses Fig. XLVI. v t u w müssen ausgehauen werden. Wenn man den Schlüssel in dem Schlosse umdreht, so fällt das Mittelbruchblech (Fig. XLVI. t u) in dem Einschnitt des Barts f g Fig. XLIX. und die Einrichtung des Schlüssels ergreift die Besatzung des Schlosses (Fig. XLVI. v w.) Daher muß beides genau mit einander überein stimmen, denn ohne das würde sich der Schlüssel nicht umdrehen lassen. Die Gestalt des Barts an dem gezeichneten Schlüssel erfordert also eine Besatzung, die aus einem gekrümmten Bleche mit zwei Widerhaken besteht. Man wird dies leicht in der Zeichnung bemerken. Der Bart des gezeichneten Schlüssels ist etwas gekrümmt, und hierdurch kann man fremde Schlüssel gleichfalls von einem Schlosse abhalten, denn das Schlüsselloch hat jederzeit genau die Gestalt des Rohrs und des Barts seines Schlüssels.

Nun-

Nunmehr wird sich der Mechanismus leicht zeigen lassen. Wenn man den Schlüssel im Schlosse rechts umdrehet, und es ist verschlossen; so fällt die Hälfte des Barts unter, und die andre Hälfte über dem Mittelbruch Fig. XLVI. tu. Mittelbruch und Besatzung vw des Schlosses füllen stets die Einrichtung Fig. XLIX. gf und Besatzung des Barts am Schlüssel aus. Der Lappen der Zuhaltung Fig. XLVI. sqr steht in sr etwas vor dem Riegel vor, und hält also die obere Hälfte des Barts auf, daß die untre Hälfte nicht eher die Angriffe des Riegels (Fig. XLVIII. lm) berühren kann, bis die obere Hälfte des Barts den Lappen der Zuhaltung in die Höhe gestoßen hat. So bald dies aber geschehen, so kann er den Riegel in r (Fig. XLVIII.) berühren und ihn zurück treiben. Drehet man aber den Schlüssel weiter um, daß er den Riegel wieder verläßt, so fällt der Widerhaken q in den Einstrich n (Fig. XLVIII.) und hält den Riegel wieder fest. Das Schloß wird also nicht eher geöffnet werden, bis man den Schlüssel zum zweitenmal umdreht, dieser die Zuhaltung wieder aufhebt, den Riegel in m (Fig. XLVIII.) ergreift, und ihn völlig zurück schiebt. Alsdenn fällt der Widerhaken q in den Einstrich o; und daher kommt es, daß der Riegel fest steht, wenn gleich das Schloß offen ist. Beim Zuschließen ist alles nur umgekehrt, und der Widerhaken q hält zuletzt den Riegel in k fest. Nunmehr wird man auch einsehen, warum die Schlösser ein Französisches Schloß mit dem

Die-

Dietrich nicht aufsperren können. Denn ergreift der Dietrich den Lappen der Zuhaltung Fig. XLVIII. q r, so kann er nicht zugleich den Riegel l h zurück schieben. Fasset er die Angriffe des Riegels l, m, so ist es unmöglich, den Riegel zurück zu schieben, weil ihn die Zuhaltung fest hält. Der Schlösser müßte also die Kunst verstehen, zwei Dietriche zugleich anzubringen. 2) Die schießende Falle ist weit einfacher, als das Schloß, und läßt sich daher auch leichter übersehen. Ihr Zweck ist, die Thür zuzuhalten, wenn das Schloß offen ist. Bekannter Maßen wird sie mit dem Drücker geöffnet. Man bringt sie, wie in der Zeichnung, über dem Schlosse an. Die Benennung ist von den Deutschen Drückern hergenommen, die mit Recht eine Falle können genannt werden. Alle Riegel, also auch der Riegel der schießenden Falle Fig. XLVI ABC, haben vorne einen Kopf, und hinten einen Schaft. Vermittelst seines Widerhakens BC bewegt er sich in der Studel DE, und daher muß er in C einen Kopf haben, damit er nicht aus der Studel falle. Die Studeln gleichen einer kleinen Klammer, und sind durch ein Niet an jedem Fuße im Schloßbleche befestiget. Hinter dem Widerhaken BC des Riegels ruht das äußerste Ende einer Feder EG, die in G gleichfalls um einen viereckigen Stift geschlungen ist. Die Nuß H ist ein eiserner Cylinder mit einem vierkantigen Loche und einem Schwanz, welcher in C den Widerhaken des Riegels ergreift. Durch das vierkantige

tige Loch wird die Angel des Drückers gesteckt, und wenn man diesen niederdrückt, so fasset der Schwanz der Nuß den Riegel in C, und schiebt ihn zurück. Die Thür ist alsdenn offen. Zieht man die Hand von dem Drücker ab, so drückt die Feder E G den Riegel wieder zurück. 3) Der Nachtriegel besteht gleichfalls aus einem Riegel IK, der einen Widerhaken in K hat. Denn der Riegel wird, wie der Riegel der schießenden Falle, von einer kleinen Studel L gehalten. Bei dem gezeichneten Schlosse war in M eine Nuß, deren Schwanz in einen Einschnitt des Riegels in N faßt, und den Riegel zuschiebt, oder öffnet. Bei andern Schlössern ist an deren Statt auf dem Riegel selbst ein kleiner Knopf, und in dem Deckel des Schlosses ein Einschnitt, um den Knopf mit dem Riegel hin und her zu schieben. Unter dem Nachtriegel ist gleichfalls eine kleine messingene Feder, damit er nicht etwa bei einem Stoße an die Thür zurück weiche.

Nunmehr läßt sich die Verfertigung eines Schlosses begreiflich machen, da der Leser mit seinen Theilen bekannt ist.

A. Von dem Schlüssel, und vornehmlich von seinem Bart, hängt die ganze Einrichtung des Schlosses ab, und daher verfertiget ihn der Schlösser zuerst. Er schmiedet ihn aus einem abgeschroteten Stück Eisen, das er, wie jederzeit, aufs sorgfältigste schweißen muß, damit es sich nicht beim Feilen abblättre. Den Bart bildet er beim

Schmie-

Schmieden, durch einen Ansatz an beiden Enden, und die Reute, oder den Griff, durch einen noch stärkern doppelten Ansatz unter der Reute. Er legt hierbei die Stelle des Eisens, wo er einen Ansatz bilden will, auf die Kante des Schmiedeambosses Fig. VIII. und schlägt mit dem Hammer auf das Metall. Wiederholt er dies z. B. auf beiden Enden des Barts, so entsteht für den Bart ein Zapfen, woraus man ihn zu der gehörigen Länge mit dem Hammer strecken kann. Durch eben diesen Handgriff läßt er zwei Zapfen für die Reute entstehen. Den letzten Zapfen schmiedet er etwas platt, und giebt ihm mit dem Hammer einen runden Umfang. Nunmehr kann er auch das Rohr zwischen der Reute und dem Bart gehörig rund schmieden. Endlich wird die Reute nochmals rothglühend gemacht, mit einem Dorn in der Mitte ein rundes Loch durchgeschlagen, und auf dem runden Horn des Sperrhorns völlig rund geschmiedet. Bekannter Maßen sind die Reuten nicht zirkelrund, sondern oben etwas platt. Man setzt daher ein Stück Eisen auf b und k Fig. XLIX. und schlägt in diesen Stellen die Reute etwas nieder. Giebt man ihr noch in a einige Schläge, so bekömmt sie die bekannte länglichrunde Gestalt. Nach dem Schmieden wird der Schlüssel bloß in Kohlen ausgegluhet, denn alles übrige muß kalt verrichtet werden, und hierbei thut die Feile jederzeit die besten Dienste. Daher wird es nöthig seyn, erst die allgemeinen Gründe voraus zu schicken, wie

der

der Schlösser die Feile geschickt führen muß, und sie alsdenn auf den Schlüssel anzuwenden. Das Eisen, dessen Fläche man durch das Feilen poliren will, spannt der Schlösser jederzeit in den Schraubstock, und hält es hierdurch fest, die Fläche mag nun glatt oder rund seyn. Sollen große Bleche polirt werden, so biegt man sie an einem Ende etwas um, und die Kneipen des Schraubstocks ergreifen den umgebogenen Theil. Ohne das läßt sich ein Blech in dem Schraubstock nicht befestigen. Zuerst mag eine ebene Fläche befeilt werden. Mit der groben Armfeile Fig. XXVIII. macht man jederzeit den Anfang dieser Arbeit. Der Schlösser hält das Heft der Feile mit der rechten Hand, und die linke legt er auf ihre Spitze. Beim Feilen muß er jederzeit dies Werkzeug so führen, als wenn er bloß die Mitte der Fläche berühren wollte; denn die Seite feilet er zu seinem Verdruß doch oft dünner ab, als die Mitte, und alsdenn wird die Fläche höckrig. Die zweite Regel ist: die Feile muß nie ihre Richtung parallel mit den Seiten des Umfangs nehmen, denn hierdurch wird die Fläche gleichfalls ungleich, sondern die Feilstriche müssen stets mit den Seiten des Umfangs schiefe Winkel machen. Dritte Regel: die Striche einer Feile müssen jederzeit die Striche der vorigen gleichfalls in schiefen Winkel durchkreuzen, damit allenthalben gleich viel von der Fläche abgenommen wird, und die Feilstriche der vorigen Feile wieder weggeschafft werden. Wenn also die Armfeile ihre Richtung z. B. von c nach a

Fig.

Fig. XLVII. genommen, so muß das Blech im Schraubstock umgespannt werden, damit man mit der Handfeile von b nach d feilen könne. Auf eben die Art muß die Vor- und Schlichtfeile jederzeit einen andern Gang auf dem Eisen nehmen. Der Hieb dieser Feilen wird stufenweise feiner, und daher machen sie die Fläche nach und nach glätter. Die letzte Regel ist: man muß nie eher eine andre Feile nehmen, bis die Feile, die der Schlösser zu der Zeit führt, die Striche der vorigen ausgelöscht hat. Z. B. die Handfeile muß erst die Striche der Armfeile weggeschafft haben, ehe der Schlösser die Vorfeile wählen kann. Wenn alle drei grobe Feilen gebraucht sind, so ergreift der Schlösser die Schlichtfeile Fig. XXXI. an beiden Enden, und zieht mit der Feile auf der Fläche hinauf und hinab. Dies giebt dem Eisen die völlige Politur. Die Schlösser nennen dies das Abziehen des Eisens. Soll eine Fläche noch eine bessere Politur erhalten, so reibt sie der Schlösser bloß mit Hammerschlag ab, denn er bedient sich sehr selten des Tripels, des Schmirgels und anderer scharfen Erdarten. Bei runden Flächen, z. B. bei der Reute und dem Rohr des Schlüssels, bleibt alles, wie bei einer ebenen Fläche, außer daß die Feile in jedem Punkt ihre Richtung verändert. Wenn der Bart und der kleine Knopf an der Spitze des Rohrs gehörig mit der Feile ausgearbeitet ist, so reibt man endlich mit dem Polirstahl Fig. XL. die Reute Fig. XLIX. a b ab, damit die Spuren der Feilstriche die Hand des künftigen Besitzers nicht verletzen. Unter der Reute giebt die Feile dem Schlüssel einen Knopf, der nach dem Feilen zwischen zwei Hölzern mit Baumöhl gerieben und geglättet wird. Die mehreste Mühe verursacht bei einem Schlüssel die Einrichtung und Besatzung. Den Einschnitt der Einrichtung Fig. XLIX. f g machen die Schlösser mit einem Feilbogen Fig. XXI. und der Schraubstock hält bei dieser Arbeit den Schlüssel fest. Der Bart muß aber vorher mit dem Zirkel genau in zwei gleiche Theile getheilt seyn; denn die Einrichtung sondert ihn in zwei gleiche Hälften ab. Bei der Verfertigung der Besatzung h, i, läßt sich aber die Feile nicht anbringen, sondern sie muß mit einem Kreuzmeißel Fig. XII. ausgehauen werden. Die schmale Schärfe a dieses Instruments ist nur gerade so breit, als die Einschnitte der Besatzung. Man legt hierbei den Bart des Schlüssels zwischen die Arme der Schlüsselkluppe Fig. XIX. a, und spannt diese in den Schraubstock. Der Hammer treibt den Kreuzmeißel, und daher müssen die beiden Widerhaken an der Kluppe, die auf den Kneipen des Schraubstocks liegen, hindern, daß die Kluppe durch die Schläge des Hammers nicht zurück weiche.

B. Nach der Verfertigung des Schlüssels eilt der Schlösser zu dem Kasten, der die Theile eines Schlosses, das auf beiden Seiten aufgeschlossen wird, allenthalben umgiebt. Er wird aus drei Stücken von Eisenblech zusammen gesetzt, aus dem Schloßblech, dem Umschweif, und dem Deckel.

Die Blechschere oder der Hartmeißel Fig. XI. giebt den Blechen ihre Gestalt. Aus dem obigen wird sich der Leser noch entsinnen, daß das Stulpblech a c Fig. XLVI. mit dem Boden zusammen hängt. Man schlägt dieses senkrecht aufgerichtete Blech in dem Schraubstock um, weil sich hierdurch seine Höhe am besten bestimmen läßt, oder auch auf der Kante des Ambosses. Ueberhaupt ist bei allen Blechen zu bemerken, daß man sie kalt bieget und umlegt, wenn sie aus geschmeidigem Eisen geschmiedet sind; wo aber nicht, so muß man sie wärmen. Eben dies gilt also auch von dem Umschweif a b c. Dieses schmale Blech muß das Schloßblech und den Deckel Fig. XLVII. der bloß braucht zugeschnitten zu werden, zusammen halten. In dieser Absicht befestiget der Schlösser an der einen Seite des Umschweifs sechs schmale Stücke Eisen, Fig. XLVI. a, b, c, die etwas länger sind, als der Umschweif breit ist, damit sie auf beiden Seiten vor dem Umschweif hervor ragen, wenn man sie angenietet hat. Aus diesen beiden vorstehenden Enden feilt der Schlösser einen Zapfen, die in die Löcher des Deckels a, b, c, Fig. XLVII. und in eben solche Löcher des Schloßbleches, wenn das ganze Schloß fertig ist, eingesetzt und vernietet werden. Die schmalen Eisen selbst a, b, c, Fig. XLVI. werden durch ein Niet mit dem Umschweif verknüpft. Die Löcher zu diesem Niet schlägt man, wie alle übrige Löcher in den Blechen, mit einem Durchschlag Fig. XXXIII. auf der Lochscheibe Fig. XLII. durch. Die Löcher zu den gedachten Nieten sind nur darin von den übrigen verschieden, daß sie an der äußern Seite des Umfangs etwas weiter seyn müssen, als an der innern, und dies kann leicht durch den Reibeahl Fig. XLIII. oder Reibewohl Fig. XXXVIII. bewerkstelliget werden. Die Absicht, warum man in diesem Fall den äußern Umfang des Lochs erweitert, ist, um beim Vernieten den Kopf des Niets in die Erweiterung zu versenken, das ist, ihn hierin zu verbergen, damit er nicht leicht bemerkt werde, wenn er mit der Feile geebnet ist. Das Niet selbst ist ein Stift, oder ein Ende Draht. Es ist nur noch zu bemerken, daß das Schlüsselloch mit dem Hartmeißel ausgehauen, und hernach mit runden und platten Feilen bestoßen wird. Die Nässe ist ein schädlicher Feind des Eisens, denn durch sie entsteht der Rost auf diesem Metall, und daher suchen die Metallarbeiter die Feuchtigkeit durch einen fettigen Anstrich abzuhalten. Sie erreichen diese Absicht durch Pech oder auch durch Leinöhl, und mit einem oder dem andern pflegen sie gleichfalls den Kasten des Schlosses zu überziehen. Soll er mit Pech überzogen werden, so macht man das Eisen rothwarm, läßt das Pech auf dem Eisen flüssig werden, und bewegt das Blech dergestalt, daß sich das Pech nach allen Seiten ausbreitet. Allein weit gewöhnlicher ist es, die Bleche mit Leinöhl zu überziehen. Das Eisen wird vor dem Anstrich entweder gar nicht, oder nur mäßig warm gemacht. Sobald aber das Leinöhl aufgetragen ist, so legt man es auf Kohlen, und läßt den Blasebalg nur langsam bewegen. Der Schlösser muß aber in eben dem Augenblick das Eisen wieder von den Kohlen abnehmen, wenn es schwarz ist, sonst erhält es nicht eine gefällige schwarze Farbe. Zuweilen überziehen die Schlösser auch die Kasten eines Schlosses mit Messingblech, wenn es in dem Zimmer in die Augen fällt. Sie nieten das dünne Blech bloß mit Nieten von Messingdraht auf dem Eisenblech an. Die Stulpe Fig. XLVI. d e wird zu einer dünnen Stange geschmiedet, mit der Feile aufs beste polirt, und an dem Stulpblech a c angenietet.

C. Das eigentliche Schloß verdient abermals zuerst angemerkt zu werden. Der Kopf des Riegels Fig. XLVIII. g h entsteht durch einen Ansatz, wie der Bart am Schlüssel, und der Schaft f g wird nach der Dicke des halben Barts am Schlüssel geschmiedet. Die Feile muß beide Theile glätten. Den Einschnitt i k hauet man mit einem Hartmeißel aus, und das Niet y, worauf der Schaft läuft, erhält oben mit dem Schneideeisen eine kleine Schraube und Schraubenmutter, damit man den Riegel abnehmen könne. Der Schlösser befestigt nunmehr mit dem nur gedachten Zapfen den Riegel auf dem Schloßblech, um die Angriffe mit dem Schlüssel zu bestimmen. Durch einen geringen Handgriff kann er diese Eintheilung, ohne alle Kunst, finden. Er giebt dem Riegel die Lage, wie bei einem verschlossenen Schlosse, stecket den Schlüssel in das Schlüsselloch, bewegt ihn rechts

gegen

gegen den Riegel, und bemerkt mit einem Stift, wo der Bart den Riegel berührt. Auf diese Art findet er den Punkt l Fig. XLVIII. Er schiebt ferner den Riegel völlig zurück, und drehet den Schlüssel links um. Wo die Kante des Barts an den Riegel stößt, da ist der Punkt r. Nach diesen Punkten kann er die Angriffe mit einer Feile oder auch mit einem Kreuzmeißel Fig. XII. ausschneiden, wenn er vorher die Linie l r in zwei gleiche Theile getheilt hat. Der Bart des Schlüssels bewegt sich in einem Kreis, und daher müssen die Seitenflächen der Angriffe schief seyn. So bald die Angriffe gemacht sind, so darf der Schlösser nur den Riegel mit dem Schlüssel bewegen, und mit einem Stift den Ort bemerken, wo der Widerhaken q Fig. XLVIII. der Zuhaltung p q r auf dem Riegel liegt, und wenn er den Schlüssel noch einmal umgedrehet hat, so findet er die beiden Einstriche n und o. Sie werden mit dem Feilbogen Fig. XXI. eingeschnitten, aber erst, wenn das ganze Schloß fertig ist. Angriffe und Einstriche stimmen nunmehr völlig mit einander überein, ohne daß es dem Schlösser Mühe verursachet. Die messingene Feder unter dem Riegel, die der Riegel in der Zeichnung bedeckt, wird von dem Zapfen y Fig. XLVIII. gehalten, und hat weiter keine Schwierigkeit. Beim Schmieden der Zuhaltung p q r s Fig. XLVI. XLVIII. läßt der Schlösser für die Feder ein Stück Eisen stehen, und dehnt es unter dem Hammer zu einer dünnen Feder aus, die so breit, als der Riegel dick ist.

Gewöhnlich glaubt man, daß alle Federn aus Stahl geschmiedet werden, aber in den Französischen Schlössern sind sie bloß von gehärtetem Eisen. Der Schlösser läßt die eiserne Feder nach dem Schmieden rothwarm werden, und schmiedet sie mit einem nassen Hammer kalt. Dies giebt dem Eisen eine Stahlhärte. Endlich wird der ausgeschmiedete Lappen qrs der Zuhaltung in q rechtwinklig in dem Schraubstock, so wie auch der Widerhaken q umgebogen, und das Ganze hernach mit der Feile poli t. Der Schlösser verfertiget mit der Feile einen viereckigen Stift p, und giebt ihm an beiden Enden einen Zapfen, damit er ihn, wie alle übrige Stifte dieser Art, in dem Schloßbleche zuletzt vernieten köune, spannt den Stift in den Schraubstock, und wickelt das Ende der Feder um den Stift. Die Feder wird kalt um den Stift gewickelt, und der Schlösser hält sie hierbei mit dem Feilkloben Fig. XVI. Die Länge des Riegels muß, wie leicht zu erachten, den Ort des Stifts bestimmen. Die mehreste Zeit erfordert die Verfertigung der Einrichtung Fig. XLVI. tuvw. Das Mittelbruchblech tu läßt sich leicht aus Eisenblech zuschneiden; allein schon mehrere Mühe kostet es, die beiden kleinen Säulen t, u anzusetzen. Die Feile giebt ihnen an beiden Enden Zapfen, weil sie gleichfalls im Schloßbleche vernietet werden. Fig. XLVII. t, u. Man macht ferner in der Mitte dieser beiden Säulen, worauf der Mittelbruch ruhet, mit der Feile auf beiden Seiten einen Einschnitt, daß zwischen beiden Einschnitschnitten ein schmales Stück Eisen, oder ein Zapfen stehen bleibt. Nach der Größe des letztern wird aus der Mitte jeder schmalen Seite des Mittelbruchblechs in t und u ein Kerb oder Zapfenloch ausgemeißelt, und nunmehr lassen sich die kleinen Säulen mit dem Mittelbruch, durch den Zapfen des erstern, und durch das Zapfenloch des letztern vereinigen. Noch mehrere Kunst und Mühe muß auf die Besatzung verwandt werden. Soll sie bloß aus zwei kleinen gekrümmten Blechen unter und über dem Mittelbruch bestehen, die sich nur um einige Linien senkrecht über dies Blech erheben, so steckt der Schlösser den Schlüssel in das Schloß, wenn er vorher den Mittelbruch mit seinen kleinen Säulen eingesetzt hat, drehet den Schlüssel auf dem Bleche um, und hält gegen die Einrichtung im Bart des Schlüssels Fig. XLIX. h einen Stift. Indem sich der Schlüssel umdrehet, so beschreibt zugleich der Stift den halben Kreis v w, wornach die Besatzung des Schlosses muß aufgelöthet werden, wenn sie in die Einrichtung des Schlüssels fallen soll. Der Schlösser schmiedet hierauf ein schmales Stück Blech, das so lang ist, als der halbe Kreis, und so breit, als beide Besatzungen des Schlüssels Fig. XLIX. h und i, denn aus diesem schmalen Bleche soll die Besatzung des Schlosses unter und über dem Mittelbruch entstehen. Er theilt ferner das schmale Blech zur Besatzung nach der Länge in zwei Theile, ziehet in der Mitte des Blechs eine Linie nach der Länge, und hauet nach dieser Linie mit dem Sternkeil Fig. XXXVI.

beide Hälften beinahe von einander; denn es bleibt an beiden Enden des Blechs nur ein schmaler Theil der Linie stehen, der nicht mit dem Sternkeil durchgehauen wird. Nach der Länge dieses unzerschnittenen Theils der Linie macht er mit der Feile in v und w Fig. XLVI. unten am Mittelbruch einen Einschnitt, biegt das Besatzungsblech krumm, und schiebt es auf das Mittelbruchblech, daß dieses in den Einschnitt fällt, den der Schlösser mit dem Sternkeil in die Besatzung gemacht hat, und daß die unzerhauenen Theile der Besatzung in die Einschnitte v und w des Mittelbruchs passen. Endlich müssen beide Hälften der Besatzung unter und über dem Mittelbruch nach dem auf dem Mittelbruch beschriebenen Kreise angelöthet werden. Diese kleine Streifen sollen der Gewalt des Schlüssels Widerstand thun, zumal, wenn dieser zuerst auf denselben umgedrehet wird, und daher müssen sie mit Kupfer angelöthet werden. Man legt kleine Stücken Kupfer gegen die Fugen, macht sie mit Speichel naß, bestreuet sie mit zerstoßenem Glas, und legt das Mittelbruchblech mit der Besatzung ins Feuer. Die Zusammenlöthung ist geschehen, wenn das flüssige Kupfer kocht, und das Eisen wird nur noch in Wasser abgekühlt. Beim Löthen mit Messing verfährt der Schlösser auf eben die Art, und das Zeichen der geschehenen Vereinigung ist, wenn das Messing eine blaue Flamme schlägt. Soll die Besatzung aus zwei Parallelstreifen bestehen, so verfährt man bei dem zweiten völlig so, wie bei dem ersten. Es

giebt

giebt aber noch weit künstlichere Arten der Besatzung, unter denen nur diejenige soll bemerkt werden, die zu dem gezeichneten Schlüssel Fig. XLIX. h und i passet. Das Auge wird es leicht bei dem Schlüssel bemerken, daß jede Hälfte der Besatzung oben einen rechtwinkligen Widerhaken haben muß, wenn es den Schlüssel beim Umdrehen nicht hindern soll. Der Schlösser schmiedet aus Stahl einen vierkantigen Stift, der durchgängig so dick ist, als die Höhe der halben Besatzung h oder i beträgt, und wickelt um den Stahl Eisenblech. Beides wirft er ins Feuer, biegt es heiß nach dem halben Zirkel vw auf dem Mittelbruch, glühet beides zum zweiten Mal, und wirft es in kaltes Wasser. Der Stahl wird hierdurch spröde, und zerspringt, wenn man mit dem Hammer auf das Blech schlägt, daß man ihn mit einem Stift aus dem zusammen gewickelten Bleche nehmen kann. Wer siehet nicht, daß sich nunmehr aus dem aufgewikkelten und vierkantig gebrochenen Blech eine Besatzung mit Widerhaken schneiden lasse? Alles übrige bleibt, wie bei der vorigen Besatzung. Allein die Schlösser werden sich selten die Mühe nehmen, diese künstliche Besatzung zu verfertigen, ob es gleich der Schlüssel anzeigt, und es könnte nicht schaden, wenn der Käufer das Schloß untersuchte, ob es auch eine Besatzung habe, die mit der Besatzung des Schlüssels genau überein stimmt. Diese Prüfung ist außerordentlich leicht. Man darf nur die Besatzung des Schlüssels mit Wachs ausfüllen, und den Schlüssel in dem

Schlosse umdrehen. Alle Ausschnitte des Barts, die nicht hierdurch wieder von dem Wachse gereiniget werden, befinden sich an der Besatzung im Schlosse nicht. Es kann aber zuweilen geschehen, daß der Meister durch seinen Gesellen hintergangen wird, oder daß die angelöthete Besatzung wieder abgebrochen ist.

D. Der Riegel A B C F. XLVI. der schießenden Falle wird wie der Riegel des Schlosses geschmiedet. Insgemein hauet man ihn in A schief ab, damit er desto leichter in das Schloßblech fasse. Die Studel C E schmiedet der Schlösser auf dem Sperrhorn, weil er ihr zwei Füße, gleich einer kleinen Klammer, geben muß. An beiden Enden der Füße feilt er Zapfen, um sie im Schloßbleche zu vernieten. Die Feder E G wird wie die vorige geschmiedet, und in G einige Mal um einen viereckigen Zapfen in dem Schraubstock geschlungen. Folglich ist nur noch die Nuß H zu bemerken. Sie bestehet aus zwei Röhren von Blech, die in einander geschoben und zusammen gelöthet sind. Die innere Röhre ragt vor der äußern auf beiden Enden etwas hervor, und diese vorstehenden Theile bilden zwei Zapfen, worin sich die Nuß in dem Schloßblech und in dem Deckel Fig. XLVI. und XLVII. H bewegt. Die äußere Röhre biegt der Schlösser auf einem kleinen Sperrhorn oder Dorn dergestalt rund, daß ein Schwanz an einem Ende stehen bleibt, und rundet sie hernach völlig, so wie auch die innere, in dem Schlüsselsenk Fig. XVIII. auf

auf einem Dorn. Der innern Röhre giebt er mit einem vierkantigen Dorn ein viereckiges Loch, worin die Angel des Drückers oder des Griffs gesteckt und befestiget wird. Die eisernen Drücker und Griffe werden in einem Gesenk gebildet, die messingenen gießen die Messingarbeiter. Der Schlösser überschickt ihnen die eiserne Angel, und diese legen sie beim Gießen in die Gießflasche, und vereinigen durch den Guß das Messing mit dem Eisen. Sitzt die Angel an dem Drücker, den man in der Stube siehet, so hat der äußere ein Loch in seiner Achse, worin die Spitze der Angel paßt. Wenn das Schloß angeschlagen wird, so vernietet der Schlösser die Spitze der Angel auf dem äußern Drücker.

D. Die Verfertigung des Nachtriegels läßt sich völlig aus dem vorigen erklären. In N wird mit einem Hartmeißel ein Loch in den Riegel geschlagen, worin der Schwanz der Nuß M den Riegel verschiebt, und unter dem Riegel nietet der Schlösser auf dem Schloßblech eine messingene Feder an.

E. Endlich schneidet der Schlösser das Schloß- oder Streichblech an der Thürpfoste aus Eisenblech zu, und hauet auf dem Eisen die Löcher für die drei Riegel aus.

b) Zu dem Beschlag einer Thür gehöret noch die Thürangel. Die zierlichsten sind diejenigen, die von den Schlössern Englische Klappen oder auch Fischbänder genannt werden. Der Leser wird sie leicht von den übrigen unterscheiden,

wenn

wenn man sagt, daß bloß ihr Gewinde in dem Zimmer bemerkt wird. Ein solches Fischband ist aus zwei Lappen von geschmiedetem Eisenblech zusammen gesetzt, die vereiniget ein Gewinde bilden. Die Hälfte, welche an der Thür befestiget wird, ist in b Fig. LIX rechtwinklig umgebogen, a b wird auswendig in die Thür eingelassen, und b c ist so breit, als die Thür dick ist. Den Lappen b d läßt man in die Thürpfoste ein. Der Schlösser streckt einen Eisenstab zu einem starken Blech aus, und aus diesem werden die beiden Lappen verfertigt. Der Lappen a b wird in dem Schraubstock rechtwinklig gebogen. Von beiden Hälften mißt der Schlösser den Theil ab, woraus das Gewinde c b entstehen soll, biegt beide abgemessene Theile auf dem starken Dorn in c b, der beide Hälften vereiniget, rund, und ebnet das Gewinde in dem Schlüsselsenk Fig. XVIII. Der Bandmeißel Fig. XXXVII. muß die Fuge, die sich nicht in das Gesenk bringen läßt, völlig ebnen, und alsdenn wird das Gewinde mit Kupfer auf dem Lappen angelöthet. In das halbe Gewinde des untersten Lappens, der beim Anschlagen gegen den Fußboden gekehrt wird, löthet der Schlösser bloß den Zapfen eines Knopfs e ein, den er in einem Gesenk ebnet, wenn er von Eisen ist. Allein gewöhnlich nimmt man einen messingenen Knopf. In b wird in das Gewinde der Dorn b e gesteckt, aber nicht angelöthet, damit man den Dorn ausziehen könne, wenn die Thür soll ausgehoben werden. Der Dorn hat in c gleichfalls einen

eiser-

eisernen gesenkten, oder messingenen Knopf. Der letzte wird gleichfalls durch den Guß mit dem Dorn vereiniget. Zur Zierde überziehen die Schlösser das Gewinde c b mit Messingblech, weil es in der Stube zu sehen ist. Sie nieten das Blech bloß neben dem Gewinde an, ohne es vorher nach dem Gewinde zu runden. Nach dem Annieten schlagen sie es aber mit der Finne eines Hammers in die Fuge des Gewindes hinein, und hierdurch wird das Blech zugleich glatt auf dem Eisen angezogen, daß es das Ansehen hat, als wenn die Fischbänder von Messing wären.

Die letzte Hand legt der Schlösser an den Beschlag der Thür, wenn er ihn anschlägt. Alle Zapfen an den senkrechten Eisen des Schlosses werden vorher in dem Schloßblech und Deckel vernietet, und die Nuß des Nachtriegels und der schießenden Falle in ihre Löcher eingesetzt. Dies hält alle innere Theile zusammen. Das beschriebene Schloß kann auf beiden Seiten aufgeschlossen werden, und daher muß es der Schlösser völlig in die Thür einlassen. Er meißelt gerade in der Mitte der Thür so viel von ihrer Dicke aus, daß sich das Schloß ganz einschieben läßt, und macht vor der Aushöhlung einen Einschnitt auf der hohen Kante der Thür für die Stulpe Fig. XLVI. d e. Mehrentheils wird das Schloß in die Mitte der Thür angebracht, und nur bei sehr hohen Thüren muß es etwas unter der Mitte eingelassen werden. Bloß die Stulpe wird mit einigen Holzschrauben befestiget. Eine solche Schraube kann ent-

entweder wie ein Nagel geschmiedet, der Kopf mit der Feile ausgearbeitet, und die Schraube mit der Schneidekluppe Fig. XX. geschnitten werden; oder man macht die ganze Schraube in einem Gesenke. Den Einschnitt auf dem Kopf für den Schraubenzieher sägt der Schlösser mit dem Feilbogen Fig. XXI. In beiden Fällen läßt man zur Verschönerung den Kopf blau anlaufen. Alle Stücke, welchen die Eisenarbeiter diesen Anstrich geben, müssen vorher aufs beste gefeilt und polirt werden, denn je feiner das Eisen polirt ist, desto blauer läuft es an. Die mehresten Schlösser poliren bloß mit der Schlichtfeile und dem Polirstahl, einige reiben aber hernach das Eisen noch mit Blutstein. Nach dem Poliren hält der Schlösser den Kopf über glühende Kohlen, wo er zuerst gelb und hernach blau anläuft. Er muß ihn aber sogleich wieder aus dem Feuer nehmen, wenn er blau geworden, weil sich sonst die blaue wieder in eine weißliche Farbe verwandelt. Aus eben der Ursache steckt der Schlösser das blau angelaufene Eisen sogleich in Sand, damit es sich wieder abkühle. Das Schließblech wird an der Thürpfoste bloß mit Nägeln angeschlagen, und die Löcher für die Riegel werden in dem Holz ausgemeißelt. Der Schlösser kann leicht den Ort finden, wo die Löcher müssen ausgemeißelt werden, wenn er nur das Schloß verschließt, daß die Riegel Eindrücke in das Holz machen. Man siehet leicht, daß das Schlüsselloch gleichfalls muß ausgemeißelt werden. Endlich schlägt der Schlösser das messingene Schild, das er durch den Hartschlagemeißel bildet, mit kleinen messingenen Nieten an, und befestiget den Drücker auf die oben beschriebene Art. Die Fischbänder werden in das Holz eingelassen, und mit Holzschrauben befestiget. Dies erhellet schon aus dem vorigen.

B. Der Beschlag eines Schranks weicht nur darin von dem Beschlag der Thür ab, daß er kleiner ist. Allein die Einrichtung und der Gebrauch eines Koffers erfordert einen ganz andern Beschlag. Er wird mit starken Bändern belegt, und gewöhnlich geben ihm die Schlösser ein Deutsches Schloß. Hier ist also der beste Ort, die Theile eines

a) Deutschen Schlosses aus einander zu sehen, zumal da die Schlösser an den Koffern zu den stärksten in ihrer Art gehören.

A. Bei der Verfertigung macht der Schlösser abermals den Anfang mit dem Schlüssel. Seine Theile sind, wie bei dem Französischen Schlüssel, die Reute Fig. LII. a b, das Rohr b f, und der Bart f g. Das Rohr b f wird gewöhnlich aus starkem Eisenblech zusammen gerollt. Nur bei Meisterstücken schmiedet man es massiv, und bohrt das Schlüsselloch aus, wobei wir uns aber nicht aufhalten. Das Blech zu dem Rohr schlägt der Schlösser mit dem Hammer um einen runden Dorn, und glättet es in dem Schlüsselsenk Fig. XVIII. Der Knopf e wird gleichfalls aus einem kleinen Stück Eisen auf einem Dorn

rund

rund geschlagen, mit der Feile bearbeitet, und auf das Rohr aufgesteckt. Die Reute a b biegt der Schlösser nach dem Schmieden auf dem Sperrhorn Fig. IX. rund, läßt unter b aus beiden Enden des geschmiedeten Eisens einen Zapfen stehen, der in das Rohr eingesteckt wird, und schlägt diesen Zapfen etwas zurück, daß in b ein kleiner Knopf, gleich einer Spitze, entsteht, die er nebst dem Zapfen dergestalt zusammen schweißt, daß der letzte genau in das Rohr paßt. Alsdenn macht er mit der Feile unter c und d einen Einschnitt in das Rohr und den Knopf, der so breit, als die Reute dick ist, und setzt die Reute in das Rohr, daß sie unten in den gefeilten Einschnitt fällt. Wollte er aber beim Einsetzen mit dem Hammer auf die Reute in a schlagen, so würde sie ihre runde Gestalt verlieren, und daher setzt er den Reutenrichter Fig. XXIV. auf den Knopf b Fig. LII. und richtet den Hammer nicht auf die Reute, sondern auf den Reutenrichter. Nach der Zusammensetzung aller Theile schreitet der Schlösser zum Zusammenlöthen. Die beiden Enden des Rohrs schlagen über einander, und in die Fuge legt der Schlösser nach der Länge des Rohrs ein schmales Stück Kupferblech, macht es mit Speichel naß, streuet zerstoßenes Glas darauf, umwickelt das Rohr mit Draht, und legt es auf Kohlen. Der Knopf und die Reute werden bloß mit Messing angelöthet, weil sie nicht der Gewalt so stark ausgesetzt sind, als das Rohr. Der Bart wird aus einem kleinen Stück Eisen geschmiedet,

und

und warm auf dem Amboß gestaucht, wodurch die Reifen unten am Bart entstehen. Man richtet ihn hernach mit der Feile nach dem Rohr ein, befestiget ihn an demselben mit Draht, und löthet ihn mit Kupfer an. Die Feile muß zuletzt den ganzen Schlüssel ausarbeiten. Die Einrichtung und Besatzung macht man gleichfalls mit dem Kreuzmeißel, und mit dem Fedbogen Fig. XII. und XXI. Dem Bart eines Deutschen Schlosses kann der Schlösser, so wie dem Schlosse, eine weit mannigfaltigere Besatzung geben, als dem Französischen, weil jenes nur auf einer Seite aufgeschlossen wird. In dem Bart des Schlüssels Fig. LII. f g wird man eine Besatzung, gleich einem Kreuze, bemerken.

B. Das Entstehen des **Schlosses** selbst wird aus der L. Fig. begreiflich werden. Das **Schloßblech** a b hängt mit der Kappe a e zusammen, die beim Anschlagen des Schlosses in die Falze des Koffers eingelassen wird. Insgemein ist der Umfang des Schloßblechs künstlich ausgehauen, das Blech selbst aber getrieben, und hiervon soll das Nöthige bei den Bändern gesagt werden. Die Löcher des Schloßbleches zu den Nägeln bohrt der Schlösser mit einem Durchschlag Fig. XXXIII. In der Mitte der Kappe a e wird mit dem Hartmeißel ein Loch c d für den Schließhaken ausgehauen. Unter dieser Kappe ist in der Mitte des Schloßblechs ein starker Dorn, oder **Wirbel** f, in das Schloßblech durch einen Zapfen eingesetzt und vernietet. Auf eben die Art werden auch die beiden starken Wirbel g und h, etwas unter dem ersten, mit dem Schloßbleche vereinigt. Um jeden der beiden letzten Wirbel ist das Ende eines starken Eisens g i, h k geschlungen, das der Schlösser eine Falle nennt. Daher muß der Schlösser die Fallen in g und h etwas dünner schmieden, damit er sie, wie bei dem Französischen Schlosse, um den Wirbel winden könne. In i und k giebt er ihnen in dem Schraubstock stärkere Widerhaken, womit sie den Schließhaken v w x ergreifen. Zwischen beiden Fallen hält der Wirbel f einen oder zwei Angriffe, womit der Bart des Schlüssels beim Aufschließen die Fallen zurück drückt. Hat das Schloß nur einen Angriff t n, so biegt das Ende m die Falle i g, ein Lappen in f aber die Falle k h zurück. Allein Schlösser dieser Art können von jedem Dietrich aufgesperrt werden, und daher geben die Schlösser einem Schlosse lieber zwei Angriffe über einander. Der oberste reicht von m bis an das Schlüsselloch in n, und liegt völlig auf dem untersten. Dieser hat von n bis m einen dünnern Theil, worauf der oberste Angriff ruht, und der Einschnitt in m ist schief abgehauen, damit sich der Angriff m n bewegen könne. Der Lappen in n des Angriffs l n reicht etwas weiter gegen h, als der Lappen n des obersten Angriffs. Zwischen beiden Angriffen liegt auf dem Wirbel f ein kleiner Ring von Blech, damit sie sich desto leichter auf einander bewegen lassen. Wenn also der Bart des Schlüssels den

Lappen des obersten Angriffs bewegt, so stößt sein Hocker in f die Falle k h zurück. Der Lappen in n des untersten Angriffs l n steht etwas weiter gegen h, und wird also später von dem Bart des Schlüssels berührt, als der vorige. Seine Spitze l bewegt die Falle l g. Der Dietrich mag also den einen oder den andern Angriff fassen, so hält doch noch eine Falle den Schließhaken v w x. Der Schlösser muß aber auch dafür sorgen, daß die aufgeschlossenen Fallen wieder zurück gedrückt werden, und dies bewirkt die Feder o q p. Sie wird aus dem besten Stahl geschmiedet, auf der Ecke des Ambosses beinahe zu einem Kreis mit dem Hammer gebogen, und, wie S. 54 erzählt worden, gehärtet. In q ist sie etwa $\frac{1}{4}$ Zoll dick, aber in o und p schmiedet sie der Schlösser etwas dünner, und biegt sie in o und p um, damit sie sich desto besser gegen die Fallen lehne. In q macht man mit einem Spitzhammer oder Dorn ein Loch, um die Feder auf dem Schloßblech mit einem Niet zu befestigen. Damit aber die Fallen nicht oberwärts zurück weichen, wenn sie von dem Schlüssel bewegt werden, so liegt auf einem Zapfen des Wirbels f ein Blech über den Fallen und Angriffen, und auf diesem wird der Wirbel f endlich vernietet. Der Schlösser nennt es, den Versatz. In der Zeichnung würde es die Fallen und Angriffe undeutlich gemacht haben, und daher hat man es besonders Fig. LIII. im Durchschnitt, und Fig. LIV. körperlich gezeichnet. Ueber dem Schlüsselloche r ruht die Dille, und reicht bis

 an

an die Lappen der Angriffe Fig. L. Die LI. Fig. stellt sie besonders vor. Sie muß so weit von dem Schloßblech abstehen, als der Bart des Schlüssels lang ist. Daher hat sie in r und s zwei Füße mit Zapfen, wodurch sie in dem Schloßblech in r und s Fig. L. fest gehalten wird. Die Dille so wohl, als die Füße müssen aus massivem Eisen geschmiedet werden, denn die Bestimmung dieses Theils ist, den Dorn Fig. LI. u, der in das Loch des Rohrs am Schlüssel gesteckt wird, daran zu vernieten und zu befestigen. Die Füße werden in dem Schraubestock umgebogen, und halten das Mittelbruchblech, woran die Besatzung des Schlosses angebracht ist. Man konnte aber dies Blech in der Zeichnung nicht anbringen. Es würde überflüssig seyn, von diesem Theil eines Schlosses von neuen zu reden, da man ihn bereits bei dem Französischen Schlosse weitläuftig genug entwickelt hat. Von der Gestalt des Schließhakens Fig. L. v w x wird man sich den besten Begriff aus der Zeichnung machen können. Den Theil v w befestiget der Schlösser mit Nieten an einem Schilde, daß er an dem Deckel des Koffers anschläget.

b) Außer dem Schlosse erhält ein Koffer noch wenigstens zwei Bänder mit Häspen, und sechs Eckstücken. Vollständige Bänder gehen über die ganze hinterste Seite des Kastens und den Deckel weg, und an der vordern Seite sind genau unter ihnen noch Vorderbänder angeschlagen. Ihr Umfang pflegt künstlich ausgeschweift zu seyn,

und

und Bänder dieser Art wird man in der Folge der Beschreibung jederzeit vor Augen haben. Jedes Band ist bekannter Maßen aus zwei Theilen durch ein Gewinde zusammen gefügt. Der Schlösser schneidet sie nicht etwa aus Eisenblech, sondern sie werden aus massivem Eisen geschmiedet. Er läßt beim Schmieden dieser Bleche für jeden vorstehenden Theil der Ausschweifung, den er einen Lappen nennt, dickere Stücke Eisen stehen, und ziehet diese mit der Finne eines Hammers im Groben zu der Figur aus, die er dem Lappen geben will; z. B. zu einem halben Zirkel oder Zacken. So bald alle Lappen der Ausschweifung auf beiden Seiten gebildet sind, so eilt er zur Verfertigung des Gewindes. Es ist bekannt, daß das Ende einer Hälfte des Bandes zwei kleine Blechcylinder hat, zwischen welchen ein Raum ist, worin ein Cylinder von Blech, mitten auf dem Ende der andern Hälfte des Bandes, genau kann eingeschoben werden, um alle drei Cylinder durch einen Dorn zu verknüpfen. Die Röhre des Gewindes wird nicht genau an dem Ende jeder Hälfte des Bandes umgebogen, sondern in einiger Entfernung vom Ende, oder deutlicher zu reden, vor dem Gewinde bleibt noch ein schmales Ende Blech stehen. Der Schlösser mißt nicht weit von dem Ende des Blechs so viel ab, als die Dicke des Dorns für das Gewinde beträgt, theilt dies Ende in drei gleiche Theile, und wickelt es um den Dorn, der zuletzt beide Hälften des Bandes verknüpfen soll. Hierdurch erhält er drei kleinere aber gleich große Röhren. Es mögen zuerst die bei-

beiden Röhren oder Cylinder an einer Hälfte des Bandes entstehen. Von den drei Röhren wird bei einer Hälfte die mittelste platt niedergeschlagen, und völlig mit dem Meißel ausgehauen. Auf eben die Art entstehen an der andern Hälfte des Bandes drei kleine Röhren von gleicher Größe, von denen man aber die kleine Röhre an jedem Ende niederschlägt, und aushauet. Es bleibt also bloß die mittelste stehen, und diese richtet nur noch die Feile ein, daß sie sich bequem zwischen die beiden Röhren der andern Hälfte des Bandes einsetzen läßt. Man begreift leicht aus der gegebenen Beschreibung, daß bei der Verfertigung des Gewindes das äußerste Ende jedes Bandes auf dem Eisen vor dem Gewinde zu liegen kommt, und hier wird es angeschweißt. Endlich vereiniget der Dorn beide Hälften des Bandes, und der Schlösser vernietet ihn an beiden Enden. Nunmehr wird der Umfang der Lappen, die vorher nur im Groben ausgestreckt waren, mit Meißeln von aller Art völlig ausgebildet. Die halbrunden Meißel müssen aber die besten Dienste thun. Das Augenmaß und die Uebung führet hierbei die Hand des Meisters, und eine Beschreibung würde hiervon keinen Begriff geben können. Alles dies geschiehet kalt, und das Eisen liegt bei dieser Arbeit auf dem Sperrhorn. Eben so wenig läßt sich das Treiben der Bänder beschreiben. Es ist nämlich bekannt, daß sie hin und wieder Erhöhungen haben. Der Schlösser entwirft die Zeichnung nach einem Riß, oder aus freier Hand, legt die Bleche auf eine Bleiplatte, und treibt die Erhöhung mit der stumpfen Spitze der Bunzelmeißel Fig. XXVII. aus. Die stumpfe Spitze dieses Werkzeuges muß in Absicht der Größe stets mit der Figur der Erhöhung, die getrieben werden soll, überein stimmen. Den Bunzelmeißel treibt der Hammer. Bei den Vorderbändern ist nichts zu erinnern, denn sie werden wie ein halber Band geschmiedet, behauen, und getrieben. Zuweilen wird noch auf jeder Seite des Schlosses ein Schild angeschlagen, und hierzu haben die Schlösser schon Muster von Blech vorräthig. Diese legen sie auf das Blech, und zeichnen nach dem Muster den Umfang und die durchbrochenen Löcher ab. Mit flachen und halbrunden Meißeln lassen sich alle Löcher, und der Umfang selbst aushauen. Die sechs Ecken werden auch nur aus Blech geschnitten, und ihr Umfang nach einem Muster, oder aus freier Hand, mit dem Hartmeißel ausgeschweift. Sie werden in der Mitte rechtwinklig umgebogen, und die Kante wird zur Hälfte mit einem Meißel durchgeschnitten, damit man beim Anschlagen zwei Viertel jeder Ecke auf dem Deckel des Koffers umschlagen könne. Die Löcher zu den Nägeln in den Bändern und Ecken bohrt der Schlösser mit einem Dorn. Die Handgriffe werden erst viereckig, und hernach zu einer runden und geraden Stange geschmiedet, die in der Mitte etwas dicker ist, als an den Enden. Die

Schlösser geben ihnen hernach aus freier Hand auf der Ecke des Ambosses, mit dem Hammer, ihre bekannte gebogene Gestalt, und mit eben diesen Werkzeugen schlagen sie auch an beiden Enden die Zapfen um. Gerade in der Mitte wickeln sie ein schmales Eisenblech einige Mal um den Handgriff, machen es weißglühend, und bilden aus dem Bleche in einem Gesenke einen zierlichen Knopf. Die **Kloben**, die die Zapfen der Handgriffe an dem Koffer festhalten, biegt man aus einer kleinen eisernen Stange auf einem Sperrhorn, daß ein Zapfen aus ihren beiden Enden entsteht, die in den Koffer eingeschlagen, hernach aber wieder von einander gesperrt, und vernietet werden. Den Knopf oder Griff, am Schilde des Deckels über dem Schlosse, verfertiget der Schlösser in einem Gesenk, und giebt ihm eine Holzschraube. Durch das Schild am Deckel des Koffers wird daher ein Loch geschlagen, und der Knopf in das Holz angeschroben. Insgemein geben die Schlösser allen diesen Stücken mit Leinöhl einen schwarzen Anstrich; s. Seite 51. Verlangt es aber der Besitzer, so können sie das Eisen auch mit Messingblech überziehen. Das dünne Messingblech wird alsdenn nach dem Umfang des Eisens ausgehauen, und auf demselben angenietet. Mit dem Verzinnen geben sich die hiesigen Schlösser nicht ab, sondern sie überschikken den Beschlag im erforderlichen Fall dem Sporer, der schon alles Nöthige hierzu vorräthig hat. Von dem Beschlagen des Koffers ist nur dies zu bemerken, daß das Schloß in das Holz eingelassen

lassen wird, und daß man die Bänder kalt nach der Figur jedes Koffers bieget. Daher müssen die Bänder nach einem Maß verfertiget werden.

Anmerk. Die Beschläge eines Sarges verfertiget der Schlösser aus verzinntem Eisenblech nach einem Muster. Das dünne Blech würde sich aber beim Treiben auf Blei aufrollen, und daher nagelt es der Schlösser an einigen Orten auf einen Klotz von weichem Holz, z. E. von Kienenholz, an, und treibt es alsdenn mit den Bunzelmeißeln. Das Holz muß hierbei nachgeben, und daher weich seyn.

C. Vorlegeschlösser sind so bekannt und nützlich, daß es der Mühe werth ist, ihren innern Bau kennen zu lernen. Die Französischen weichen im geringsten nicht von der obigen Art ab, und daher ist es nur nöthig, ein bekanntes Deutsches Vorhängeschloß zu beschreiben. Aus der LVI. und LVII. Fig. wird der Leser sogleich ersehen, von welcher Art dieser Schlösser die Rede ist. Sie stellen das gewöhnlichste und einfachste Vorhängeschloß vor. Es ist bekannt, daß das Innere ein eiserner Kasten c f e Fig. LVI. umgiebt, und daß an demselben ein Haken r t angenietet ist, womit das Schloß vorgehänget wird. Der Kasten besteht aus vier Hauptblechen, den beiden Vorderblechen b c d, und den beiden Seitenblechen c e f d, die mit einem Hartmeißel aus einem starken Bleche zugeschnitten werden. Von eben diesem Bleche wird auch der Steg F. LVII. g verfertiget, und durch einen Zapfen an jedem Ende in den beiden

Vorderblechen befestiget. Auf jeder Seite des Stegs macht man einen Einschnitt mit dem Feilbogen, um an dem Steg das Mittelbruchblech h i k l auf eben die Art zu befestigen, wie den Mittelbruch in einem Französischen Schlosse an den beiden Säulen S. 54. Der Mittelbruch hat völlig die Gestalt eines der Vorderbleche, und liegt gerade in der Mitte zwischen diesen beiden Blechen. In k l hat er einen runden Ausschnitt, damit der Bart des Schlüssels Raum habe, sich in dem Schlosse umzudrehen. Auf jeder Seite des Kastens liegt ein schmales Blech, welches man die Belegung Fig. LVI a d m nennt. In der Zeichnung kann nur eine in die Augen fallen, allein jedes Seiten- und Vorderblech hat, der Haltbarkeit wegen, eine solche Belegung. Jede Belegung wird mit einem Kitt von Harz und Pech auf seine Vorder- und Seitenbleche aufgeklebet, das Schlüsselloch a an seinem Ort ausgehauen, der Dorn z für den Schlüssel in das hinterste Vorderblech eingenietet, und der Steg g Fig. LVII. mit dem Mittelbruch h i k l zwischen den Vorderblechen durch seine Zapfen eingesetzet. Alle vier Bleche des Kastens werden mit eben dem Kitt zusammen geklebt. Den Kranz Fig. LVI. o p, eine Zarge aus vier schmalen Blechen, fügt der Schlösser mit eben der Masse zusammen, und setzt ihn in den Kasten ein. An die Bleche o p der langen Seite des Kranzes klebet er inwendig ein Blech von eben der Länge an. Jedes dieser angeklebten Bleche hat zwei Backen q und r, wovon

wovon zwei in r den Haken r t tragen, und in den beiden andern q wird dieser von dem Riegel fest gehalten. Auf eine der schmalen Seiten des Schlosses, wo der Schlösser die Feder einsetzen will, klebt er ein Blech s an, welches den Raum zwischen den beiden Blechen an den Backen ausfüllet. Er nennt es den kleinen Steg. Wenn alle diese Theile zusammen geklebt sind, so legt man auf alle Fugen Messing nnd zerstoßenes Glas, und überzieht das ganze Schloß mit Lehm und Pferdemist. Von dem letzten muß etwas mehr, als von dem ersten genommen werden. Das Schloß wird zum Löthen ins Feuer gelegt, und die blaue Flamme des Messings ist hierbei gleichfalls das Zeichen, daß es wieder aus der Glut genommen werden muß. Nach der Verfertigung des Kastens schreitet der Schlösser erst zu den innern Theilen des Schlosses. Den festesten Schlössern dieser Art giebt er zwei Riegel Fig. LVII. t s u, wovon der eine auf einer Seite des Mittelbruchblechs h i k l, und der zweite auf der andern Seite dieses Blechs liegt. In der Zeichnung kann aber nur ein Riegel in die Augen fallen, denn der andre liegt auf eben die Art auf der andern Seite des Mittelbruchs, und wird von dem erstern und dem Mittelbruch in der Zeichnung bedeckt. Ein Schloß, das nur einen Riegel hat, kann jeder Nagel aufsperren, allein bei zwei Riegeln ergreift der Nagel nur einen Riegel, und der andre hält noch den Haken t s. Der eiserne Riegel wird nach dem Schmieden in dem Schraubstock rechtwinklig umgebogen, und in k krümmt man ihn

entwe-

entweder etwas, oder er erhält einen Widerhaken. In beiden Fällen hindert er den Schlüssel, daß er sich nicht weiter, als bis gegen u im Schlosse umdrehen lasse. Die Feder s v w schmiedet der Schlösser aus dem besten Stahl, und biegt sie nach einem spitzen Winkel. Der Schenkel v w ist um die Breite des kleinen Stegs s kleiner, als der Schenkel v s, wie der Augenschein lehrt. Riegel und Feder werden ohne eine Befestigung bloß in das Schloß eingesetzt, und zwar auf jeder Seite des Mittelbruchs ein Riegel mit seiner Feder. Die Spitze an der Feder setzt der Schlösser unter den kleinen Steg s, und den Arm des Riegels t s legt er auf den Steg g. Die Feder so wohl, als der Riegel müssen aber gerade so breit seyn, als der Raum zwischen dem Mittelbruch und dem Vorderblech des Kastens, damit sie auf beiden Seiten fest gehalten werden. Oben schränkt sie das Belegeeisen x y ein, ein schmales Blech, das von den Backen q bis zu den andern r reicht, und auf den Blechen der Backen angelöthet ist. Daher müssen diese Bleche etwas niedriger, als der Kranz o p liegen. Der Haken r t wird gewöhnlich geschmiedet und auf dem Amboß krumm gebogen. Den Einschnitt in t erhält er im Schraubstock mit einer Feile, und ein Loch in r mit einer Rennspindel, um ihn in den Backen r zu vernieten. Der Schlüssel wird wie alle übrige Deutsche Schlüssel, Seite 63, verfertiget, und man giebt seinem Bart bloß einen Einschnitt, der in das Mittelbruchblech fällt. Wenn man ihn

ihn im Schlosse umdrehet, so ergreift jede Hälfte des Barts den Arm eines Riegels k s, und schiebt ihn zurück. Läßt man aber den Schlüssel nach, so treibt die Feder w v s den Riegel wieder zurück, und die Spitze des letztern fällt in den Einschnitt des Hakens t. Alles wird endlich mit der Feile geglättet.

Anmerk. Es giebt eine besondere Art Schlösser, die bloß Vorhängeschlösser verfertigen, und Löthschlösser heißen. Im Schmalkaldischen findet man sie in großer Menge, von denen sich auch einige auf der Messerfabrik in Neustadt Eberswalde niedergelassen haben. Sie verfertigen die Vorlegeschlösser für einen wohlfeilen Preis, und daher geben sich die übrigen Schlösser selten mit dieser Arbeit ab. Die Löthschlösser setzen ihre Schlösser auf die beschriebene Art zusammen, und daher ist es nöthig, ihnen einen besondern Abschnitt zu widmen.

D. Die beträchtlichste Arbeit der Schlösser bei einem Bau sind die Gatter und Sprengwerke vor den Fenstern, auf den Balcons und Treppen, zwischen den Flügeln der Palais, vor den Gärten der Vornehmen, und in den Kirchen. Bei diesen Werken der Kunst muß der Schlösser seine ganze Geschicklichkeit aufbieten, und daher verdienen sie es, diesen Abschnitt zu beschließen.

a) Die einfachsten Stücke dieser Art sind diejenigen, die bloß aus einigen horizontalen Stangen und senkrechten Ständern bestehen, und die von den Schlössern schlechthin Gatter genannt werden. Die LV. Fig. stellt zwar ein Sprengwerk vor, allein die Stangen, welche die Verzierungen umgeben,

geben, sind völlig einem Gatter gleich, und daher kann die Zeichnung auch bei den Gattern zum Leitfaden dienen. Die oberste Stange a b heißt bei dem Schlösser eine Flachstange, die Stange c d die Unterlage, und die senkrechte Stange e f ein Ständer. In der Zeichnung bemerkt man zwar nur Einen Ständer, allein es ist auch nur Ein Feld eines Sprengwerks, und in b d würde wieder ein Ständer seyn, wie bei jedem andern Felde. Zuerst mögen die Ständer entstehen. Sie werden, wie alle übrige Stangen, entweder viereckig, oder rund geschmiedet, doch haben die Ständer dies vor den übrigen Stangen voraus, daß man ihnen geschmückte Knöpfe giebt. Der Schlösser läßt daher beim Schmieden dieser Stangen hin und wieder vorstehende Theile stehen, wie der Grobschmid bei den Stangen an einer Kutsche, (5te Sammlung Seite 243.) und aus diesen werden die Knöpfe gesenkt. Knöpfe dieser Art haben aber eine vorzügliche Höhe, und man würde nicht gut so starke Absätze können stehen lassen, als bei diesen Knöpfen erforderlich ist. Daher giebt der Schlösser dem niedrigen Absatz in der Mitte einen Einschnitt, wickelt einen eisernen Ring um denselben, macht den Absatz und Ring weißglühend, und bringt den Knopf m in ein Gesenk. Die Flachstangen a b und Unterlagen c d werden flach geschmiedet, oder in einem Gesenk gerundet. Es ist hierbei nur zu bemerken, daß die Unterlage oft wegbleibt, zumal wenn man dem Gatter in der Mitte eine Querstange giebt, die mit der Flachstange

stange parallel läuft. Das Wichtigste bei dem Gatter ist die Zusammenfügung seiner Theile. Der Schlösser bewerkstelliget dies, wie der Zimmermann, durch Zapfen und Zapfenlöcher. Die Ständer erhalten an beiden Enden Zapfen, und die beiden liegenden Stangen Zapfenlöcher. Die Zapfen bilden die hiesigen Schlösser bloß durch einen Ansatz an der Ecke des Ambosses. Der Theil des Ständers, woraus der Zapfen entstehen soll, liegt auf dem Amboß, der Hammer streckt ihn dünner, und durch die Kante des Ambosses entsteht über dem Zapfen der Stange ein Einschnitt. Bei den Zapfenlöchern muß der Meister erst die Löcher gehörig abmessen, daß der Ständer senkrecht zu stehen kommt, wenn gleich das Gatter, wie bei einer Treppe, auf einer geneigten Fläche angebracht wird. Soll daher das Gatter ein Geländer einer großen Treppe in einem Gebäude werden, so muß der Bauherr dem Schlösser ein Modell oder Schablon von Holz überschicken, daß die Richtung der Treppe bestimmt, und wornach der Schlösser alle Theile des Gatters einrichten kann. Bei Treppen vor einer Thür, und andern kleinen Stücken biegt sich der Schlösser selbst ein Modell aus einer dünnen Stange Eisen. Die Löcher selbst schlägt der Professionist erst mit der stumpfen Spitze des Kerners Fig. XXXIV. vor, und bohrt sie mit einem runden oder vierkantigen Dorn, nach Beschaffenheit des Zapfens, auf dem Lochring Fig. XXXII. völlig durch. Sollen diese Stangen eine Biegung erhalten,

halten, so geschiehet dies bloß mit dem Hammer auf dem Amboß aus freier Hand. Zur Befestigung der Querstangen schlägt der Schlösser durch beide Ständer e f, b d ein flaches Loch, steckt ein Stück Eisen g i, nach der Größe des Lochs, durch, und nietet die Stange in g und i an. Man bemerkt leicht, daß in jedem Felde eine besondre Querstange eingenietet wird, und damit alle in gerader Linie laufen, so ragt das schmale Stück Eisen an einem Ständer auf beiden Seiten in h und g hervor, um in g die Stange eines andern Feldes zu befestigen. Durch die Zapfen und Zapfenlöcher lassen sich nun die liegenden Stangen und Ständer vereinigen. Der Zapfen e wird entweder bloß auf der Flachstange vernietet, oder er erhält einen messingenen Knopf. Im letztern Fall ist auf dem Zapfen des Ständers noch eine Angel, und durch die Achse des messingenen Knopfs geht ein Loch, um ihn auf die Angel zu stecken, und oben zu vernieten. Dies gilt von allen Knöpfen, auch von denen, die auf dem Ende der flachen Stangen stecken. Die Gestalt des untersten Zapfens in f richtet sich nach der Materie der Treppe, worauf das Gatter soll befestiget werden. Bestehet sie aus Mauerwerk, so giebt man dem Zapfen Widerhaken und Löcher, denn er muß in den Quadersteinen mit Blei vergossen werden. Bei hölzernen Treppen wird unter dem Zapfen ein Lappen k l angenietet, der an beiden Enden Löcher erhält, um den Ständer mit einer Holzschraube oder einem Nagel zu befestigen. Zuweilen nieten

nieten die Schlösser noch an die Ständer hin und wieder Schnörkel an, die mit der Sprenggabel Fig. XXXIX. a, b gewunden werden. S. 36.

b) Weit mehr Kunst erfordern diejenigen Gatter, deren Felder der Schlösser mit Verzierungen ausfüllet. Ihr Name verändert sich auch hierdurch, und man nennt sie **Sprengwerke**. Ihre Umfassung ist ein Gatter, doch giebt man den liegenden Stangen oft, in einem Gesenke, Gesimse. 1) Die einfachste Art der Sprengwerke ist diejenige, die aus mehrern dünnen und flachen Stangen dergestalt zusammen gesetzt ist, daß diese zusammen genommen verschiedene Figuren bilden. Der Schlösser macht sich auf Brettern eine Zeichnung zu einem Felde des Gatters, und auf die Züge der Zeichnung legt er die flachen Stangen, um zu prüfen, ob er ihnen die gehörige Wendung unter dem Hammer gegeben habe. Die Biegung selbst erhalten sie entweder auf der Ecke des Amboſſes, oder wenn es ein Schnörkel ist, mit der Sprenggabel Fig. XXXIX. a, b. Zuletzt werden alle Stangen gewöhnlich durch einen Band vereinigt. Dieser bestehet aus zwei Theilen, aus einer Klammer, und einem geraden Bleche. Den Füßen der Klammer giebt man Niete, und an den Enden des geraden Bleches werden Löcher durchgeschlagen, um hierdurch beide Theile zu vereinigen, und ein völliges Viereck zu bilden. Vorher werden aber beide Theile in einem Gesenke mit Stäben der Baukunst geschmückt.

Sprengwerke dieser Art sind jetzt in Berlin nicht gewöhnlich, und daher hat man sich nicht bei ihnen verweilet. 2) Die künstlichsten Sprengwerke sind unstreitig diejenigen, deren Felder mit einem zusammen hangenden Laubwerke von geschmiedetem Eisen ausgefüllt werden. Diese sind es auch, die man durch die LV. Fig. begreiflich zu machen gesucht hat. Es würde dem Schlösser zu schwer fallen, das ganze Laubwerk aus einem Stücke zu schmieden, und daher setzt er es aus mehrern Theilen zusammen, nämlich aus den Stücken abc, cd, ik, il, mn, opq. Jeden Theil schmiedet er, wie den Beschlag eines Koffers, besonders, läßt für die Lappen stärkere Stücken Eisen am Umfange stehen, und ziehet diese Theile mit der Finne des Hammers im Groben aus. Er muß aber bei der ganzen Bearbeitung dieses Sprengwerks jederzeit eine Zeichnung vor Augen haben, die er sich entweder selbst entwirft, oder von dem Baumeister erhält. Den Umfang aller Lappen hauet er, so wie auch die Löcher in den Theilen, mit den halben Monden aus, Fig. XXVI, die er mit einem Hammer treibt. Das Eisen liegt bei dieser Arbeit auf dem Sperrhorn. Auf den breiten Flächen des Eisens hauet er hin und wieder mit einem Meißel gravirte Figuren aus, und bei allen diesen Arbeiten muß ihn die Zeichnung leiten. Hat er alle Theile gehörig ausgebildet, so vereiniget er sie durch das Schweißen. abcd ist der Hauptarm, womit die übrigen verknüpft werden. Er besteht wieder aus zwei Theilen, abc und cd, die

in

in i zusammen geschweißt sind. Den Arm c d schrotet er in c von einander, und hierdurch entsteht der Ast c h. Nach dem Zerhauen bildet er beide Theile mit den halben Monden von aller Art aus. Hernach werden die Theile a b c, c d, i k, i l, m n in i zusammen geschweißt, und m n in n durch ein Niet an dem Hauptarm befestiget, damit es nicht zerbreche, weil es nur ein schwaches Laubwerk ist. Um aber die Zusammenfügung zu verbergen, so wird ein Blech o c p auf dem Arme a b angenietet, welches in b i alle Fugen bedeckt, die durch das Zusammenschweißen entstehen. Das Blech wird mit dem Bunzelmeißel, Fig. XXVII, getrieben, und mit den halbrunden Meißeln ausgeschweift. Man kann aber auch statt dieses Theils den Umfang des Arms a b mit einem Setzmeißel zu einem dünnen Blech ausstrecken, und wie ein Blech treiben. Der Ast e f ist, wie alle kleine und schwebende Stücke, auf dem Arm a b angeschweißt, und alle stark vorstehende Spitzen, wie f g, werden an den Hauptarm angenietet. Es ist nur noch zweierlei zu bemerken. Erstlich werden alle Theile dieser Sprengwerke nicht mit den Sprenggabeln, sondern bloß mit dem Hammer auf der Kante des Amboßes gebogen. Zweitens muß gezeigt werden, wie das Laubwerk in den Feldern befestiget wird. Der Schlösser macht in den Flachstangen und Ständern an den Stellen ein flaches Loch, wo die Ranken des Laubwerks die Stangen berühren, als in q, r, s, t, vernietet in dem flachen Loche Zapfen, wie den Zapfen gh, und befestiget an diesen das Laubwerk mit Nieten. Auf eben die Art füllt er alle übrige Felder des Sprengwerks aus.

V. Die Schlösser haben ein gemeinschaftliches Gewerk mit dem Windenmacher, Sporer, Büchsenmacher und Uhrmacher. Um nun ihre Gesellen von den genannten Professionisten auf ihrer Herberge zu unterscheiden, so belegen sie dieselben mit dem Namen der Fremdgesellen, wenn sie einen Gesellen verlangen, oder, in ihrer Sprache zu reden, wenn sie umschauen. Die Benennung eines Fremdgesellen soll daher entstanden seyn, weil ein Schlösser alle Arbeiten der übrigen Professionisten muß verfertigen können, ungeachtet sie ihm fremde sind. Ein Lehrbursche, der im Stande ist, ein Lehrgeld zu erlegen, lernet nur drei, die übrigen aber fünf Jahre. Ein Geselle, der Meister werden will, muß bereits drei Jahre gewandert haben, ungeachtet er auf seinen Reisen kein Geschenk erhält. In Berlin verfertigen die Schlösser zum Meisterstück ein Französisches Schloß zu einer Thür, und ein Vorlegeschloß. Das letzte muß auf beiden Seiten können aufgeschlossen werden, und an einer Seite ein rundes, an der andern aber ein herzförmiges Schlüsselloch haben. Anstatt der Strafen macht der angehende Meister den übrigen ein freiwilliges Geschenk.

Dritter

Dritter Abschnitt.

Der Sporer.

I. Inhalt. In der Werkstätte des Sporers wird gewöhnlich weiter nichts verfertiget, als die erforderlichen Stücke von Eisen zu einem Reitzeuge, Sporne, Reitstangen, Steigbügel und Striegeln. Er schmiedet und bearbeitet alle diese Dinge größten Theils mit den Handgriffen der Schlösser.

II. Seine Materialien lassen sich mit wenigen Worten erzählen, denn es ist alles schon aus den vorigen Abschnitten bekannt. Er kann nur das weichste und geschmeidigste Schwedische Eisen erstehen, denn er würde den Käufer der Wuth seines Pferdes aussetzen, wenn er ihm ein Reitzeug von sprödem und zerbrechlichem Eisen überlassen wollte. Zu Striegeln verarbeitet er auch Eisenblech von Schwedischem Eisen. Mit scharfem Essig und Salz beizt er seine Waaren, ehe er sie mit Englischem Zinn und Talg verzinnet. Daß er Schmiedekohlen in seiner Esse gebraucht, verstehet sich schon für sich selbst.

III. Die mehresten Werkzeuge hat er auch mit dem Schlösser gemein. Hierzu gehören vorzüglich,

 die

die Esse, der Schmiedeamboß, das Sperrhorn, die Hämmer und Zangen zum Schmieden, und die Feilen von aller Art. Unterdessen erfordern doch einige einzelne Vorfälle bei seiner Arbeit wenige besondre Werkzeuge.

A. Einige Sporer lassen auf einer Seite ihres Schmiedeambosses drei bis vier Einschnitte nach hohlen Cylindern von verschiedener Größe aushöhlen, um darin sogleich runde und halbrunde geschmiedete Eisen zu ebnen. Bei andern ist dagegen nur ein vierkantiges Loch auf der Bahn des Ambosses, worin die Angel kleiner Gesenke gestellet werden kann, auf deren Bahn sich die gedachten Einschnitte befinden.

B. Der **Kappenstämpel** Tab. II. Fig. I. ist ein Gesenk, und er bestehet daher auch, wie die Gesenke der Schlösser, aus zwei Stücken. Die Unterlage 1. ist ein rundes Stück Stahl, etwa zwei Zoll weit und halb so dick, das auf seiner Bahn eine Aushöhlung nach einer halben Kugel hat. Seine Angel kann in das Loch des Schmiedeambosses gestellt werden. In die gedachte Aushöhlung paßt die runde Bahn eines Hammers 2. Mit beiden Stücken wird jede Hälfte eines hohlen Mundstücks an einer Reitstange krumm gebogen.

C. Das **Mundstücklocheisen** bestehet gleichfalls aus zwei Stücken, aus einer Unterlage Fig. II. 1. und einem Durchschlage 2. Die vierkantige Unter-

Unterlage hat auf ihrer Bahn einen länglich viereckigen Einschnitt, der nur wenige Striche tief ist, und hierin paßt genau das unterste Ende des Durchschlags, der keine Schärfe, sondern dagegen eine schmale Fläche mit scharfen Kanten haben muß. Der Gebrauch wird sich unten ergeben.

D. Das Mundstückeisen Fig. III. bestehet aus zwei vierkantigen Hälften, die zusammen gesetzt in der Mitte ein rundes und gekrümmtes Loch a bilden. Der Sporer hält hiermit das gebogene Mundstück einer Reitstange in dem Schraubstock fest, wenn es mit der Stange soll vereiniget werden.

E. Das Stecheisen Fig. IV. ist ein breiter Meißel mit einer Angel, woran man es in dem Schraubstock fest hält. Auf der Schärfe dieses Meißels sind einige stumpfe Kerben, worin die Glieder der Schaumketten krumm gebogen, und alsdenn auf der Schärfe abgehauen werden.

F. Der Kerner ist nichts weiter, als ein Dorn mit einer scharfen Spitze, womit man vorschlägt, ehe ein Loch mit einem scharfen Dorn durchgeschlagen wird. Fig. V. 2. Andre Kerner haben eine stumpfe Spitze 1, und man erweitert hiermit diejenige Seite eines geschlagenen Lochs, wo der Kopf eines Niets soll versenkt werden.

G. Das vierkantige Auftreibeisen Fig. VI. hat auf seiner Bahn einige Löcher, worin der

Sporer den Hals eines Sporns steckt, wenn er die zerschroteten Schenkel aus einander treiben will. Man macht auch wohl auf der einen Seite des Auftreibeisens einige halbrunde Einschnitte, um darin die Schenkel des Sporns sogleich halbrund zu bilden. Doch hat der Sporer hierzu auch besondre Gesenke Fig. VII. worauf sich gleichfalls die gedachten Einschnitte befinden.

H. Zur Verfertigung der Schnallen an den Spornen besitzen die Sporer ein Schnallenlochzeug Fig. VIII. Auf der Bahn eines vierkantigen Stahls 1. befinden sich zwei viereckige Löcher. Das eine Loch a hat eine willkührliche Größe, das andre b aber ist nach der Größe der Oeffnung in der einen Hälfte der Schnalle abgemessen. Es ist bekannt, daß die Schnalle an einem Sporn zwei solche Oeffnungen hat, zwischen welchen sich ein schmales Stück Eisen befindet, worauf die Zunge befestiget wird. Die eine Oeffnung ist vierkantig, die andre halbrund. Soll also mit einem Schnallenlochzeuge die vierkantige Oeffnung ausgehauen werden, so muß das Loch b gleichfalls viereckig seyn, im Gegentheil aber halbrund. Der Stämpel 2. ist ein rechtwinkliger Arm von Stahl, der unten zwei Zapfen hat. Der Zapfen c ist mit seinem Loche 1. a nur deshalb angebracht, daß sich der Stämpel beim Gebrauch nicht verrücke. Der Zapfen d muß recht scharfe Kanten haben, weil er die Oeffnung der Schnalle aushauet, wenn man mit einem Hammer

mer auf den Stämpel in e schlägt. Einige Sporer haben ein Schnallenlochzeug, womit sie beide Oeffnungen der Schnalle zugleich schlagen können. Alsdenn ist hinter dem Loche 1. b noch ein andres halbrundes Loch, und zwischen beiden ein schmales Stück Eisen, damit der schmale Streif der Schnalle entstehe, der die Zunge hält. Allein das gedachte schmale Stück Eisen zwischen dem vierkantigen und halbrunden Loche bricht beim Gebrauch leicht aus, und daher schlagen die mehresten Sporer jede Oeffnung der Schnalle mit einem besondern Schnallenlochzeuge.

J. Das künstlichste Werkzeug des Sporers ist unstreitig das Striegelhaueisen, Fig. IX. Die beiden Füße ab und cd sind unten zugespitzt, um hiermit dies Instrument beim Gebrauch auf einem Kloß zu befestigen. Sie werden oben durch eine ½ Zoll breite Stange von Eisen ac zusammen gehalten, denn das ganze Werkzeug ist von Eisen. Ueber dieser Stange ruht auf einer Säule gh, etwa in der Entfernung von 1 Zoll, eine andre Stange ik, mit der vorigen parallel, und beide Stangen durchbohren zwei Messer il, km, doch so, daß sie sich in ihren Löchern hinauf und hinab bewegen lassen. Ueber der Stange ac hat jedes Messer auf beiden Seiten einen Absatz, wodurch der unterste Theil, der sich in der Stange ac hin und her bewegen läßt, etwas dünner wird. Desgleichen ist eben dieser Theil auch etwas schmäler, als der obere, oder deutlicher zu reden, der obere Theil springt in n und o um einige Linien vor. Diese vorspringende Schneide hat in n und o die dreikantige Gestalt des Raums zwischen zwei Striegelzähnen. Die X. Fig. stellt ein Messer besonders vor, und sie wird alles durch die hinzu gefügten Buchstaben deutlich machen. Unter jedem Messer ist eine Stahlfeder Fig. IX. l p m angebracht, die in m auf dem Kloß e f angeschroben wird. An einer Seite jedes Messers ist eine andre Feder, der Weiser Fig. IX. n q, o r, die so weit von ihrem Messer zurück gebogen ist, als die Breite eines Zahns der Striegel, und des Lochs, das darauf folgt, beträgt. Die Spitze des Weisers ist gleichfalls dreikantig, wie der Raum zwischen zwei Zähnen. Der erste Zahn wird in das Blech zu einer Striegel gefeilet. Der Sporer setzt die Oeffnung vor dem gefeilten Zahn auf die Spitze des Weisers n q, daß der Zahn und die Oeffnung auf der andern Seite des Zahns zwischen dem Weiser und dem Messer zu liegen kommt, und schlägt mit einem Hammer auf das Messer i l in i. Die dreikantige Schneide in n hauet hierdurch wieder eine dreikantige Oeffnung aus, wodurch ein neuer Zahn entsteht, und die Feder l m p treibt das Messer wieder in die Höhe. Er hakt die nächste Oeffnung auf die Spitze des Weisers n q, schlägt wieder auf das Messer, und fährt hiermit so lange fort, bis alle Zähne gehauen sind. Der Weiser n q hat den Zweck, daß alle Zähne stets gleich weit von einander abstehen, und gleich groß werden, ohne daß der Sporer es mühsam abmessen darf. Man bedient sich aber dieses Instruments nur bei

der

der Kommißarbeit, denn die Zähne feinerer Striegeln werden mit der Feile ausgeschnitten. Einige Sporer haben auch kleinere Hauzeuge, mit einem einzigen Messer an einem Ende. Die Feder l m p ist alsdenn mit der Stange a c aus einem Stücke geschmiedet, und gegen das Messer gebogen. Diese werden in dem Schraubstock beim Gebrauch befestiget, sie sind aber nicht so dauerhaft, als die vorigen. s ist der Schraubenschlüssel, welcher zu dem Striegelhaueisen gehört.

IV. Die **Waaren** der Sporer sind bereits zu Anfange dieses Abschnitts genannt worden, und ihre Verfertigung soll nunmehr gleichfalls erzählt werden.

A. Das wichtigste Stück des Reitzeuges ist die Reitstange zu einem Zaum. Es wird nöthig seyn, den Leser im Voraus mit den Theilen einer Stange und ihrer Benennung bekannt zu machen. Die Hauptheile sind, die beiden Stangen selbst a b Fig. XI, das Mundstück c d e, die Kinnkette f g, und die Schaumkette h i. Bei den Stangen selbst sind wieder einige Benennungen zu bemerken. a c, a e heißt das Hauptgestelle, welches an seiner Spitze a ein Loch hat, worin die Riemen des Zaums eingeschnallet werden. In einem kleinern runden Loche wird die Kinnkette in f und g befestiget. Die Löcher c und e heißen die Mundstücklöcher oder die Ringe, und c b, e b die Schenkel. An der Spitze der letzten ist abermals eine große Oeffnung in b, der **Ueberwurf**, worin ein **Wirbel** in b befestiget ist, der

den

den Zügelring trägt. Das Mundstück c d e besteht aus zwei gleich großen kegelförmigen Hälften, die in d vereiniget sind. In dieser Absicht hat die eine Hälfte ein Loch, die andre aber ein Gewinde, oder einen Zapfen, der in dem Loche umgebogen ist. Man wird sich nunmehr dieser Benennungen bei der Beschreibung der verschiedenen Arten von Stangen bedienen, die in dieser Gegend am gebräuchlichsten sind.

a) Die Deutschen Stangen haben stets ein flaches Hauptgestelle Fig. XI. a c, a e, und insgemein ein hohles Mundstück c d e, nebst einem birnförmigen Ueberwurf b, mit einem Wirbel und Zügelring. Bei einigen ist der Schenkel c b stark gebogen, bei andern nur wenig, und noch andre haben gerade Schenkel, die eben so flach sind, als das Hauptgestelle, und auch mit diesem in gerader Linie fortgehen. Diese letztern nennt man Wallachenkandaren. Ueberhaupt ist bei den gebogenen Schenkeln noch zu bemerken, daß sie entweder vor der Linie a c Fig. XI. nicht vorspringen, und von diesen sagt der Sporer, sie gehen nach dem Lineal; oder sie springen vor, und alsdenn heißen sie vorgeschossene Schenkel; oder ihre Biegung reicht nicht bis an die verlängerte Linie a c, und alsdenn nennt man sie zurückgeschossene Schenkel.

A. Die Stangen selbst a b werden erst im Groben von Schwedischem Eisen aus einem Stücke geschmiedet, und an den Stellen, wo das Mund-

stück-

stückloch ce, und der Ueberwurf hi entstehen soll, ziehet der Sporer mit der Finne des Hammers ein breites Stück aus, und macht vorher an der Ecke des Ambosses in beiden Fällen einen doppelten Ansatz. Das letztere kennt man schon aus dem vorigen Abschnitt. Soll der Schenkel eine runde Gestalt erhalten, so senkt man ihn auch wohl nach dem Schmieden in einem runden Einschnitt eines Gesenks. Ist eben dieser Theil gebogen, so krümmt man ihn mit dem Hammer auf dem Amboß aus freier Hand, und der Sporer muß nur genau abmessen, daß beide Stangen eine gleiche Biegung erhalten. Das Hauptgestelle ac, ae wird kürzer gemacht, als der untere Theil, und daher muß der Lappen für das Mundstückloch c, e etwas über der Hälfte des Ganzen ausgeschmiedet werden. Gewöhnlich ist dieses Loch rund, und daher wird es mit einem runden Dorn gelocht d. i. durchgeschlagen, auf der runden Spitze des Sperrhorns erweitert, und hernach mit der Feile weiter ausgebildet. Auf eben die Art wird auch der Ueberwurf b verfertiget. Das vierkantige Loch in a hauet man auf dem Sperrhorn mit einem Meißel kalt aus, und die Löcher, worin die Kinnkette fg hängt, werden erst mit einem Kerner Fig. V. 2. vorgeschlagen, und alsdenn mit einem spitzigen Dorn durchgebohrt. Ueberdem schlägt der Sporer noch auf der innern Fläche jeder Stange unter dem Mundstückloch c, e mit einem Meißel einen schmalen Einschnitt, damit er bequem Löcher durchbohren könne, wenn an

der

der Stange messingene Buckeln sollen befestiget werden. Endlich bearbeitet der Professionist diese Stangen, so wie alle übrige Stücke, mit der Feile, und ziehet sie zuletzt mit der Schlichtfeile ab. Von dieser Beschäftigung ist der Leser schon hinreichend in dem vorigen Abschnitt unterrichtet. S. 47. Die Feile macht auch wohl zur Zierde hin und wieder Einschnitte, so wie auch auf breiten Flächen Löcher mit einem Meißel ausgehauen, und hernach mit der Feile ausgearbeitet werden. Auf der Spitze des Ueberwurfs b wird auf dem Sperrhorn ein Loch durchgeschlagen, wodurch man den Zapfen des gewöhnlichen geschmiedeten und befeilten Wirbels h i steckt. Den Zügelring schmiedet der Sporer aus einem kleinen Stück Eisen, biegt ihn auf dem Sperrhorn rund, und schweißt ihn zusammen. Alsdenn wird der Zapfen des Wirbels h i kalt um den Zügelring mit dem Hammer gebogen. In der XII. Fig. fällt dieser Wirbel deutlich in die Augen, h und i sind die Wirbel, k und l die Zügelringe.

B. Die größte Mühe verursacht das **Mundstück**, c d e Fig. XI. a, das entweder hohl oder massiv seyn kann. In beiden Fällen sind die beiden Hälften c d, d e kegelförmig und gekrümmt, wie die Hörner der Rinder.

a) Die **hohlen Mundstücke** werden deshalb ausgehöhlt, damit sie dem Pferde nicht beschwerlich fallen, weil sie ziemlich stark sind. Der Sporer schmiedet ein plattes Stück Eisen, und giebt ihm die gehö-

gehörige zugespitzte Gestalt, läßt aber an der Spitze ein stärkeres Stück zu einem Loche oder Gewinde stehen. Er legt das ausgeschmiedete Blech auf die Aushöhlung des Kappenstämpels Fig. I. 1, setzt den runden Kopf des obern Theils des Senkhammers 2 auf das Blech, und schlägt mit einem Hammer auf das entgegen gesetzte Ende des letztern. Das Blech wird hierdurch in die Aushöhlung getrieben, und gekrümmt. Allein nun muß es noch kegelartig umgebogen werden. In dieser Absicht legt er es in den gedachten runden Einschnitt auf der Bahn des Ambosses, und rollt es hierin mit dem Hammer zusammen, daß die langen Ecken genau über einander stoßen. Seine geübte Hand muß hierbei alles thun. Aus dem stehen gebliebenen Stück an der Spitze jeder Hälfte macht er entweder mit einem Dorn einen Ring, oder er schmiedet es zu einem Zapfen aus. Jede Hälfte des Mundstücks muß aber beim Schmieden eine größere Länge erhalten, als man bei einer fertigen Stange bemerkt, denn mit dem Ueberschuß, der in der Folge der Kopf heißen soll, wird jede Hälfte des Mundstücks in einem Mundstückloche c, e befestigt. Der Sporer mißt nämlich so viel von dem Kopf jeder Hälfte ab, als er um die Seite c des Mundstücklochs legen will, und bezeichnet es mit der Feile. Er hauet ferner nach der Dicke des Ringes, den das Mundstückloch bildet, an dem Ort, wo die Ecken des zusammen gerollten Mundstücks zusammen stoßen, mit dem Meißel ein schmales Stück bis an den Feilstrich

strich aus, legt die Hälfte des Mundstücks auf den Einschnitt des Mundstücklocheisens Fig. II. 1. steckt in den vorigen Einschnitt des Mundstücks den Durchschlag 2, und durch einen Schlag des Hammers schlägt er, dem nur gedachten Einschnitt gegen über, einen zweiten aus, der eben so breit und lang ist, als der erste. Auf diese Art wird der Kopf jeder Hälfte des Mundstücks durch einen doppelten Einschnitt in zwei gleiche Theile getheilt. Fig. XI. b wird eine solche Hälfte des Mundstücks mit ihren Einschnitten a begreiflich vorstellen. Die Hälfte des Mundstücks wird ferner durch das gekrümmte Loch a des Mundstückeisens Fig. III. in dem Schraubestock fest gehalten, und der Theil c Fig. XI. a des Mundstückringes an der Stange in die beiden Einschnitte a Fig. XI. b gelegt. Der Professionist hauet mit einem Meißel den Umfang der einen Hälfte b des Kopfs an dem Mundstücke rund, biegt sie mit dem Hammer um den Mundstückring der Stange c Fig. XI. a, und auf eben die Art legt er die andere Hälfte c Fig XI. b auf der erstern um. Mit dem Hammer so wohl, als mit einem stumpfen Meißel ziehet er den obersten Theil fest in den Ecken an, und er versteht die Kunst, es so geschickt mit dem Hammer zu treiben, und mit der Feile zu ebnen, daß jeder glaubt, das Mundstück sey an der Stange angeschweißt. Bei den mehresten Stangen hängt das Mundstück mit der Stange fest zusammen, bei den Englischen sind aber beide Stücke an einander, wie ein Gewinde, beweglich. In diesem Fall wird nur der Kopf

des

des Mundstücks fester an das Mundstückloch angezogen. Wenn beide Hälften auf die gedachte Art an den Stangen befestiget sind, so steckt der Sporer den Zapfen an der Spitze der einen Hälfte des Mundstücks in das Loch der andern, biegt den Zapfen kalt zu einem Ringe um, und verknüpft hierdurch die Hälften des Mundstücks, und zugleich die beiden Stangen.

b) Die massiven Mundstücke sind weit dünner, als die Vorigen, und werden gewöhnlich geschmiedet, gebogen, und auf die vorige Art unter einander vereiniget. Es ist also von diesem Stücke nichts weiter zu bemerken, als nur, wie es an den Stangen befestiget wird. Es kann dies auf eine doppelte Art geschehen. Der Kopf jeder Hälfte des Mundstücks wird entweder zu einem Lappen etwas breiter ausgeschmiedet, doch so, daß dieser nicht in der Mitte, sondern an einer Seite zu stehen kommt, und daß also beim Schmieden auf der Ecke des Ambosses unter dem Lappen ein Absatz entstehet. Der Lappen wird auf einem Dorn warm umgebogen, daß ein Ring entsteht, und diesen treibt man auf der einen Seite des Mundstücklochs Fig. XI. c fest mit dem Hammer und einem stumpfen Meißel zusammen. Oder man läßt statt des Mundstücklochs c ein massives Stück stehen, wodurch bloß mit einem Dorn ein Loch gebohrt wird. Aus dem Kopfe jeder Hälfte des Mundstücks feilet der Sporer ein Niet, welches er in dem nur gedachten Loche des massiven Stückes c vernietet, versenket, und mit der Feile unmerklich

lich macht. In dieser letzten Absicht wird die Seite des Lochs, wo das Niet einen Kopf erhalten soll, mit der stumpfen Spitze eines Kerners Fig. V. 1. etwas erweitert, und in diese Aushöhlung wird der Kopf des Niets mit dem Hammer hinein getrieben. Wenn alles gut befeilt ist, so kann man das Niet kaum bemerken.

Zuweilen steckt man auf jede Hälfte des massiven Mundstücks drei bis vier **Walzen**, massive Ringe, denen die Feile einige Einschnitte oder Kerben giebt Fig. XII. c d e. Es wird eine Stange Eisen so dünne ausgeschmiedet, als die Breite und Dicke einer Walze betragen soll, und alsdenn hauet man die Stücke ab, woraus die Walzen gebogen werden sollen. Jedes Stück schärft der Sporer mit dem Hammer an jedem Ende ab, daß die Enden zusammen gebogen über einander schlagen, und biegt sie warm auf einem Walzendorn rund. Dieser ist zugespitzt, und man kann also um ihn große und kleine Ringe biegen, denn die hintersten Walzen des Mundstücks sind natürlicher Weise größer, als die mittelsten. Die Enden der gebogenen Walze stoßen noch nicht völlig zusammen, wenn sie auf dem Dorn gebogen sind, und daher kann der Sporer sie auf das Mundstück aufstecken. Er treibt endlich auf dem Mundstück die Enden mit dem Hammer fest zusammen, und mit eben dem Instrument vereiniget er die über einander liegenden Enden genau. Statt drei oder vier kleiner Walzen erhält auch wohl jede Hälfte des Mundstücks eine einzige, die so lang ist, als die ganze

Hälfte

Hälfte cd, und diese Walzen nennt man Birnwalzen.

C. Die Kinnketten Fig. XI. a. fg tragen gleichfalls das ihrige zur Vereinigung beider Stangen, und zur Bändigung des Pferdes bei. Es giebt drei Arten. Die Panzerketten sind die massivesten, denn es werden jederzeit zwei Glieder in ihren benachbarten Gliedern befestigt. Jedes Glied hauet man entweder von einem starken Draht, oder von einer dünnen geschmiedeten runden Stange nach einem Maße ab. Es wird hernach aus freier Hand mit dem Hammer gebogen, mit Kupfer gelöthet, wie bereits bei dem Schlösser gezeigt ist S. 56, in den Schraubstock gespannt, und mit einer Zange gewunden. Es versteht sich, daß die mehresten Glieder erst gelöthet werden müssen, wenn sie schon mit den übrigen vereinigt sind. An einem Ende der Kette ist ein einzelnes Glied, wodurch die Kette an der Stange befestiget wird, an dem andern Ende aber bloß ein Haken, damit man die Schaumkette abnehmen könne. Die Englischen Kinnketten unterscheiden sich weiter nicht von den vorigen, als daß sie nur einfach sind. Die Französischen werden nur wie die Schaumketten gebogen, und nicht zusammen gelöthet. Ihre Glieder sind auch weit dünner, als bei den vorigen. Statt der Kinnketten bedient man sich auch wohl bei muthigen Pferden der Kinnkettenkappen Fig. XIII. Der Augenschein lehrt in der Zeichnung, daß diese Kappen an beiden Enden spitzig zusammen laufen. Es wird daher ein Eisen nach dieser Gestalt platt ausgeschmiedet, aus freier Hand nach einem Bogen gekrümmt, und nach einer halben Walze in dem Einschnitt eines Gesenks mit der Finne des Hammers ausgehöhlt. Zuletzt richtet der Sporer die Kappe völlig mit dem Hammer auf einem Dorn mit einer eirunden Spitze, der beim Gebrauch in einem Loche des Ambosses steckt. Die Zähne, die man in der Zeichnung gleichfalls unten an jeder Seite bemerken wird, werden mit der Feile eingeschnitten.

D. Die Schaumketten Fig. XI. a. h i sind weit dünner, als die Kinnketten, und ihre Gelenke werden nur zusammen gebogen. Der Sporer legt einen Draht in den stumpfen Einschnitt des Stecheisens Fig. IV. biegt hierin beide Ringe, woraus ein Glied besteht, mit dem Hammer krumm, läßt aber einen Ring noch etwas offen, damit er ihn mit dem Ringe des nächsten Gliedes vereinigen könne, und hauet das Glied auf der Schärfe des Stecheisens ab. Bei der Zusammenfügung aller Glieder wird der Ring, der noch nicht völlig anschließt, fest mit dem Hammer angetrieben.

Zu diesen Deutschen Stangen kann man auch die Dessauer Stangen rechnen, die stark gekrümmte Schenkel, und Birnwalzen haben. S. 99.

b) Bei den Englischen Stangen Fig. XIV. sind so wohl die Hauptgestelle, als die Schenkel nur dünne und rund. Der Ring für den Zaum a ist

platt.

plattrund, und der Ueberwurf b halbrund. Das Mundstück ist massiv und an der Stange beweglich, und die Kinnkette fehlt bei den Englischen Stangen.

c) Die **Französischen Stangen** Fig. XV. gleichen den Wallachenkandaren, denn die Stangen sind flach, und gehen nach dem Lineal. Bloß das Mundstück wird nicht auf eben die Art an den Stangen befestiget, als bei den übrigen. Der zertheilte Kopf jeder Hälfte des Mundstücks ist nur so hoch, als der Mündstückring, außer daß auf jeder Seite des Kopfs Fig. XI. b, c noch ein schmales Stück, gleich einem Zapfen, stehet. Auf jeder Seite eines Blechs, welches man den Boden nennt, und welches so breit ist, als der Abstand beider Hälften des Kopfs b, c an dem Mundstück, wird nach dem nur gedachten Zapfen ein Einschnitt ausgefeilt. Die Einschnitte des Bodens werden in die Zapfen b, c eingepaßt, und beide Theile aufs beste mit dem Hammer zusammen getrieben.

d) Die **Polnischen** Stangen weichen nur darin von den Deutschen ab, daß ihre Schenkel stark gebogen sind, und daß zwischen beiden Hälften des Mundstücks ein Galgen mit einem Niet an jedem Ende des Galgens befestiget ist; oder daß auch nur die beiden Hälften des Mundstücks in der Mitte sehr stark gekrümmt sind. Von der letzten Art wird man sich durch den Augenschein in der XVI. Fig. belehren können. An der Spitze des Galgens wird zuweilen in einem Loche ein

Spielzeug, kleine Eisen von verschiedener Gestalt befestiget.

e) Die **Kutschenstangen** sind weit massiver, als die Reitstangen, und werden nach der Deutschen Manier verfertiget. Fig. XVII. Beim Schmieden läßt man unter dem Lappen des Mundstücklochs ein Stück Eisen in b stehen, welches zur Zierde weiter ausgeschmiedet, mit dem Durchschlag durchlöchert, und an dem Umfang ausgeschweift wird. Eben dies geschiehet auch zuweilen bei den breiten Theilen der vorhergehenden Stangen. Bei einigen Stangen ist der Schenkel in c etwas gebogen, oder er hat ein Knie, und die beiden Hälften des Mundstücks bcd können entweder durch ein Gelenk vereiniget, oder auch zusammen geschweißt seyn. Statt der Schaumkette haben sie eine unbewegliche Querstange ce.

f) Der **Kappzaum**, Fig. XVIII. der den unbändigen Pferden über die Nase gelegt wird, ist einer Kinnkettenkappe Fig. XIII. im Grunde betrachtet gleich. An jedem spitzen Ende hat er einen Ring Fig. XVIII. a, und auf der Kappe selbst sind gleichfalls erhabne Stifte, oder Hörner, die einen Ring tragen. Statt des Ringes a wird auch wohl ein vierkantiges Loch c angebracht.

Einige Anmerkungen verdienen hier, der Vollständigkeit wegen, einen Platz einzunehmen. 1) Nichts ist gewöhnlicher, als daß die Theile der verschiedenen Stangen mit einander vermischt, und hierdurch neue Arten hervor gebracht werden. Zum Beispiel, den Englischen Stangen

pflegt

pflegt man ein Deutsches Hauptgestelle zu geben. 2) Bei hartmäuligen Pferden bedient man sich statt des Mundstücks einer scharfen Trense Fig. XIX. Eine solche Trense bestehet aus mehrern massiven Gliedern, die durch Gelenke vereiniget werden. Jedes Glied hat auf der einen Seite Zähne, auf der entgegen gesetzten ist es aber rund. Man kann daher das Pferd mit den Zähnen bändigen, aber auch die Trense umkehren, wenn die Absicht erreicht ist. 3) Die Kandaren sind weit kürzer, als die übrigen Stangen, und man hat Kandaren von allen genannten Arten der Stangen. Statt des Ueberwurfs Fig. XII. b erhalten sie nur bloß einen Kloben, das ist ein kleines Loch. 4) Die Gebisse zu den Uebertrensen Fig. XX. sind jedem bekannt. Sie werden wie die massiven Mundstücke verfertiget, und erhalten, nebst einem Ring an jedem Ende, zwei oder auch drei Glieder. 5) Statt der Stangen werden an schlechten Zäumen die so genannten Kiebeltrensen Fig. XXI. befestiget. Die Ringe des Zaums werden in a eingeschnallet. 6) Einige Trensen bestehen aus lauter kleinen Riemen, die das Pferd nicht verhindern, die Zunge zu bewegen. Man bedient sich daher dieser Trensen bei dem Tränken der Pferde. Fig. XXII. 7) Die Kühltrensen Fig. XXIII. legt man den erhitzten Pferden statt eines Gebisses ins Maul, um daran den überflüssigen Schaum abzustreichen. Die gebogenen Eisen a b sind daher beweglich auf dem Gebiß c d befestiget. Die Verfertigung aller dieser kleinen Stücke läßt sich leicht aus dem Obigen erklären.

B. Nach den Stangen verdient der Sporn seinen Platz zu erhalten. Die Theile dieses bekannten Reitzeuges sind, der Hals, woran das Rad befestiget ist; die beiden Schenkel, die um den Stiefel gelegt werden; und die Füße, die Enden der beiden Schenkel, woran insgemein kleine Knöpfe, und eine Schnalle befestiget werden.

a) Die Husarensporne sind die einfachsten, denn sie werden nicht mit Riemen befestiget, sondern an den Stiefel angenietet. Fig. XXIV. Man schmiedet erst ein flaches Stück Eisen in gehöriger Länge, und an dem einem Ende bildet man sogleich den dünnern Hals a aus. Der breitere Ueberrest wird mit einem Meißel zweimal nach der Länge zerschrotet, oder in drei gleiche Theile zerlegt, die aber an dem Halse zusammen hangen. Von dem mittelsten Streif hauet der Sporer so viel ab, daß er etwa nur einen halben Zoll lang ist. Er befestiget hierauf das Halseisen Fig. VI. in dem Schraubstock, steckt den Hals a Fig. XXIV. in ein Loch dieses Instruments, und treibt alle drei Streifen mit dem Hammer dergestalt aus einander, daß sie das Halseisen berühren. Die Schenkel kommen in gerader Linie zu liegen, und der schmale Streif, oder der Steg b, macht mit ihnen rechte Winkel. Der letzte behält diese Stellung, und wird nur ausgeschmiedet, die Schenkel müssen aber weiter ausgearbeitet werden. Der Sporer legt nämlich jeden Schenkel erwärmt in einen Einschnitt eines

Ge-

Gesenks Fig. VII. treibt sie mit dem Hammer in den Einschnitt hinein, und bildet sie hierdurch halbrund. Gebogen werden sie mit dem Hammer aus freier Hand, doch so, daß sie mit dem geraden Hals einerlei Richtung erhalten. Die Spitze, oder der Fuß jedes Schenkels, erhält bei dem Husarensporn bloß ein Loch c, d, so wie auch der Steg b, um vermittelst dieser Löcher den Sporn an den Stiefeln der Husaren zu vernieten. Den Hals schrotet man an seiner Spitze von einander, und feilt den Einschnitt weiter aus, denn in diesem Einschnitt wird das Rad befestiget. Zu dem letztern mißt der Sporer mit dem Zirkel auf einem geschmiedeten Bleche eine kleine Scheibe ab, hauet sie mit dem Meißel kalt aus, und feilt die Zähne in dem Schraubstock nach dem Augenmaß aus. Es wird in dem Einschnitt des Halses mit einem Niet befestiget.

b) **Die gewöhnlichen Sporne** unterscheiden sich dadurch von den vorigen, daß sie keinen Steg erhalten, und daher auch nur Ein Mahl zerschrotet werden, und daß sie an dem Ende jedes Schenkels einen Fuß mit Knöpfen, und einer Schnalle haben. Man giebt ihnen aber auch wohl, statt des Fußes, an der Spitze jedes Schenkels einen vierkantigen Ring, worin die Riemen befestiget werden. Der Professionist schmiedet gleichfalls erst ein gerades Stück Eisen, und an einem Ende streckt er den Hals aus. Weil sie aber keinen Steg erhalten, so schrotet er das breite Ende nur Ein Mahl von einander, und bildet aus den beiden Streifen die Schenkel auf die vorige Art. Die Spitze jedes Schenkels wird mit dem Hammer platt geschmiedet, zerschrotet, und zu zwei runden Lappen, oder Füßen, ausgebildet. Jeder Fuß erhält mit einem Dorn ein Loch, worin an einem Schenkel die Schnalle, an dem andern aber die Knöpfe, welche die Riemen fest halten, befestiget werden. Die Knöpfe schmiedet der Sporer wie die Nägel, befeilt sie aufs beste, und giebt ihnen statt der Spitze mit der Feile ein Niet, womit sie in den Löchern des Fußes am Sporn vernietet werden. Von der Verfertigung der Schnalle wird man sich schon aus der Beschreibung des Schnallenlochzeugs Fig. VIII. einen allgemeinen Begriff gemacht haben. Aus einem geschmiedeten Blech wird ein Stück Eisen nach der Gestalt einer Schnalle dieser Art ausgehauen, und mit der Feile gebildet. Der Zapfen des Stempels c ist etwas länger, als der Zapfen d. Man kann also den Zapfen c in das Loch a setzen, und dessen ungeachtet das Blech unter den Zapfen d auf das Loch b legen. Ein Schlag des Hammers auf den Stempel in e hauet die Oeffnung der Schnalle aus, und man weiß schon aus dem Obigen, daß die vierkantige und halbrunde Oeffnung der Schnalle in einem besondern Gesenk ausgetrieben werden. Um den eisernen Streif zwischen beiden Oeffnungen wird eine Zunge von einem zugespitzten Draht gebogen. Der Hals des Sporns wird etwas mit dem Hammer gekrümmt, und der Einschnitt nebst dem Rade auf

die

die oben beschriebene Art verfertiget. Gewöhnlich läßt man die Räder blau anlaufen. Wenn sie gut gefeilt und polirt sind, legt sie der Sporer bloß auf ein glühendes Eisen, wo sie den blauen Anstrich ohne sein Bemühen annehmen. Diese Art Sporen wird in Deutsche und Englische eingetheilt, und der Unterschied beruhet bloß auf die Stellung der Schenkel. Die Schenkel der Deutschen Sporen laufen in einer Richtung mit dem Halse fort, die Englischen aber werden auf dem Hals etwas oberwärts gekrümmt mit dem Hammer gerichtet. Beide Arten erhalten oft in der Mitte jedes Schenkels ein Gelenk, damit man sie desto bequemer auf den Stiefel aufschieben könne. Diese Absicht wird aber eben so gut durch die Federsporne erreicht. Diese werden aus dem weichsten Eisen sehr dünn ausgeschmiedet, und hernach gehärtet. Bei dem Härten bedient man sich des Pulvers, womit die Feilen gehärtet werden, und wovon einer der nächsten Abschnitte weitläuftiger reden wird. Man überzieht den Sporn mit diesem Pulver, und hernach mit Lehm, und läßt ihn in der Esse weißwarm werden. Er muß eine Nacht im Feuer liegen bleiben, und darin erkalten. Es scheint aber, als wenn die hiesigen Sporer nicht völlig mit der Verfertigung dieser Sporne bekannt sind, denn sie kommen insgemein aus Nürnberg zu uns. Die Verfertigung der messingenen Sporne gehört zu der Arbeit der Messingarbeiter.

C. Gleichfalls aus einem Stücke schmiedet der Sporer die Steigbügel Fig. XXV. Sie bestehen aus den beiden Schenkeln a b, a c, auf denen ein Ring a zu den Steigbügelriemen steht; und aus der Sole b c, worauf der Fuß des Reiters ruhet. Es giebt folgende drei Arten.

a) Die Deutschen Steigbügel haben eine Sole b c, die aus zwei oval gebogenen Bügeln zusammen gesetzt ist. Man schmiedet eine dünne Stange, und läßt in ihrer Mitte durch einen Ansatz an der Ecke des Ambosses ein stärkeres vierkantiges Stück stehen, worin das Loch a für den Steigbügelriemen gelocht, das ist mit einem Meißel vierkantig auf dem Sperrhorn ausgehauen wird. Aus den beiden Enden auf jeder Seite dieses Lochs wird zum Theil ein Schenkel rund ausgeschmiedet, in einem Gesenke geebnet, und mit dem Hammer aus freier Hand krumm gebogen. An dem Ende jedes Schenkels bleibt aber ein flaches Stück Eisen stehen, woraus die Sole entstehet. Jedes dieser flachen Stücke wird Ein Mahl nach der Länge zerschrotet, aus einander gesperrt, und alsdenn, nebst dem Absatz in b und c, auf der Ecke des Ambosses umgebogen, oder gekröpft. Die beiden Enden b d, b e und c d, c e, so aus jedem zerschroteten Stücke unter den Schenkeln entstehen, werden vierkantig ausgeschmiedet, und dergestalt gebogen, daß zwei Enden von verschiedenen Schenkeln in d und e zusammen stoßen, und daß alle vier Enden einen ovalen

ovalen Ring bilden. Endlich schweißt der Sporer zwei und zwei Enden an den Stellen zusammen, wo sie einander in d und e berühren. Es versteht sich, daß die Feile zuletzt den Steigbügel ausarbeiten muß. Zuweilen erhalten aber auch die Steigbügel, statt des Lochs a zum Steigbügelriemen, einen Wirbel. Dieser wird besonders geschmiedet, daß ein Zapfen an einem halbrunden Lappen entstehet, und durch den letztern wird mit einem Dorn ein halbrundes Loch geschlagen. Gleichfalls mit einem Dorn wird auf dem Rücken der Schenkel des Steigbügels ein Loch durchgebohrt, und der Zapfen des Wirbels durchgesteckt, wenn man ihn vorher rothwarm gemacht hat. Aus der Spitze des Zapfens wird mit dem Hammer ein Kopf geschmiedet, der den Wirbel an dem Steigbügel fest hält. Der Steigbügel und der Kopf des Wirbels können sich durch das Schmieden nicht vereinigen, weil man den Zapfen nur rothwarm werden ließ.

b) Die Englischen Steigbügel unterscheiden sich nur dadurch von den vorigen, daß sie eine vierkantige Sole erhalten, und diese kann entweder massiv seyn, oder auch aus Bügeln bestehen. Im ersten Fall wird das Stück, so unter jedem Schenkel stehen bleibt, nur flach ausgestreckt, gekröpft, und an dem Ort zusammen geschweißt, wo beide Stücke zusammen stoßen. Besteht aber die Sole aus Bügeln, so werden diese, wie bei der vorigen Art, gebildet, und nur vierkantig gebogen. Zuweilen setzt der Sporer auch wohl zwischen

schen beide Schenkel noch eine Stange ein, die er einen Steg f g nennt, oder auch wohl ein Kreuz. In beiden Fällen macht er auf der innern Fläche der Sole an den Orten f, d mit der Feile einen Einschnitt, wo der Steg die Sole berühren soll, schiebt den Steg in diese Einschnitte ein, und treibt ihn aufs beste mit dem Hammer an die Sohle an. Der Sporer sagt, er habe den Steg eingeschleift.

c) Die **Ungarischen Steigbügel** haben flache Schenkel und eine breitere flache Sole. Das Steigbügelloch wird aber erhöhet ausgestreckt, und die Gestalt des Ganzen ist ziemlich oval. Sie werden, wie die vorigen, aus einem Stück Eisen geschmiedet, aber in der Mitte des Steigbügellochs a zusammen geschweißt.

D. Die **Striegel** verfertigt der Sporer ganz aus Eisenblech. Den schmalen Seiten des Kastens giebt er mit dem Striegelhaueisen Fig. IX. Zähne, wie bereits oben gezeigt ist, und richtet sie alsdenn auf der Ecke des Ambosses etwa um einen Zoll senkrecht auf. Zwischen diesen beiden aufgerichteten Blechen werden sechs andere Bleche, von eben der Höhe, auf dem Kasten angenietet. An jedem Ende eines Blechs wird daher ein Lappen ausgeschmiedet, und mit einem Dorn durchbohrt, um in dem Loche ein Niet zu befestigen. Vier von diesen Blechen erhalten gleichfalls Zähne, zwei aber bleiben glatt, und diese werden jederzeit nach zwei Blechen mit Zähnen

nen befestigt. Diese glatten Bleche nehmen den Staub ab. An jeder Seite der Striegel wird in der Mitte ein vorstehender Zapfen angenietet. Er hat daher einen Lappen, welchen ein Niet durchbohrt, und der auf der innern Fläche der Striegel liegt. Auf der äußern Seite der Striegel nietet der Sporer zwei schmale Bleche oder Gabeln nach der Breite an, denen er beim Schmieden in der Mitte einen aufgerichteten Ring giebt. Der Ring auf der vordersten Gabel erhält durch ein Schneideeisen Schraubengänge, und daher heißt das Blech die Schraubengabel. Durch beide Ringe wird eine Angel gesteckt, die an dem vordersten Ende eine Schraube hat. Man siehet leicht, daß die Angel in den vordern Ring eingeschroben, und auf diese Art befestiget wird. Auf der entgegen gesetzten Spitze dieser Angel wird das hölzerne Heft vernietet.

Alle diese beschriebenen Stücke werden mit der Feile aufs beste ausgearbeitet und geglättet, zuletzt aber verzinnet. Der Sporer beizt seine Waaren bloß 24 Stunden in scharfem Essig und Salz, weil sie so schon glatt und gereiniget genug sind. Hierauf werden mehrere Stücke zugleich in eine Pfanne gelegt, worin man Englisches Zinn, und etwa zwei Finger hoch Talg flüssig gemacht hat. Wenn sich die Waaren in dem Zinn befinden, so muß die Hitze des Metalls gemäßigt seyn, sonst wird die Verzinnung gelb. So lange sie in der Pfanne sind, rührt der Sporer beständig alle Stücke um, und läßt

sie

sie so lange in dem Zinn liegen, bis sie völlig überzogen sind. Ist aber ein Stück noch schwarzfleckig, so muß es von neuen abgefeilt, und verzinnet werden.

V. Zünftigkeit. Die Sporer haben mit dem Schlösser ein gemeinschaftliches Gewerk. Ihre Lehrbursche lernen fünf, und zum wenigsten drei Jahre, wenn sie ein Lehrgeld erlegen. Darin aber gehen sie von dem Schlösser ab, daß sie ihren wandernden Gesellen ein Geschenk reichen. Die Mitgesellen geben ihnen einige Tage Essen und Trinken, und über dies noch einen Groschen, und von einem Meister erhalten sie sechs Groschen für das Nachtlager. Die Meister geben dies Geld nach der Reihe. Zum Meisterstück verfertigen sie zwei Reitstangen, sechs Kutschenstangen, ein Paar durchbrochene Steigbügel, und ein Paar Sporne mit verborgenen Gewinden. Alles dies muß aufs künstlichste ausgearbeitet werden.

Vierter Abschnitt.

Der Windenmacher.

I. Inhalt. Die bekannten Wagenwinden, und alle ähnliche Winden haben diesem Professionisten seinen Namen gegeben. Es scheint auch, daß die gewöhnlichen Windenmacher, außer einigen Kleinigkeiten, weiter nichts, als Winden verfertigen. Da sie sich aber hierdurch eine Fertigkeit in der Bearbeitung der Räderwerke erwerben, so fällt es einem geschickten Meister nicht schwer, alle eiserne Maschinen für die Fabriken zu verfertigen. Berlin hat nur Einen Windenmacher, aber zum Glück gehört er zu der letztern Art, denn er verfertiget z. B. alle Maschinen der Münze. Die Geschicklichkeit des Grobschmids und des Schlössers müssen bey einem Windenmacher vereinigt seyn, denn er streckt die größten Stücke Eisen unter dem Hammer, und seine Hand muß auch Fertigkeit genug haben, Räder und andre kleine Stücke mit dem Meißel und der Feile kalt zu bearbeiten.

II. Es versteht sich von sich selbst, daß das Eisen der wichtigste Einkauf des Windenmachers ist. Kleine Räder und Getriebe würden der Vergänglichkeit sehr unterworfen seyn, wenn man

man sie aus einem spröden Metall schmiedete, zumal da sie größten Theils kalt bearbeitet werden. Daher verbraucht der Windenmacher nur das Schwedische Eisen. Den Stahl ersteht er bloß zur Verfertigung seiner Werkzeuge. Der hiesige Windenmacher wählt zu diesem Gebrauch vorzüglich den Tiroler Stahl, weil er eine vorzügliche Härte haben soll, wenn der Meister die Kunst versteht, ihn gehörig zu schweißen. Es kann seyn. So viel ist aber auch gewiß, daß jede Profession ihre besondern Gebräuche hat, die die Gewohnheit aufrecht erhält.

III. Wer sich in der Werkstätte der Grobschmide und Schlösser umgesehen hat, der kennet auch mehrentheils die Werkzeuge dieser Profession. Bloß die Bearbeitung der Räder und Getriebe muß noch durch einige Werkzeuge erleichtert werden, die man also nur noch hinzu fügen darf.

A. Die Schmiedeesse der Windenmacher muß wenigstens so groß seyn, als die Esse der Grobschmide, denn sie schmieden oft Schrauben und Walzen, die einige Centner schwer sind. Daher trifft es sich oft, daß ihre Esse in der Werkstätte nicht geräumig genug zum Wärmen sehr großer Stücke ist, und daß sie ihre Zuflucht zu einer größern Esse nehmen müssen, die sie sich auf dem Hofe unter einem Dach anlegen. Der Herd dieser Esse stehet bloß neben einer Mauer, woran ein großer Blasebalg angebracht ist. Erlauben es aber die Umstände, so läßt sich der Professiofessionist diese großen Stücke lieber auf einem Eisenhammer ausschmieden. Zu der Esse gehören Possekel, die 30 bis 40 Pfund wiegen, und alle übrige Hämmer und Schmiedezangen der Grobschmiede.

B. Mit dem Triebhammer Tab. III. Fig. I. der ziemlich einem Schrothammer mit einer flachen Schärfe gleich ist, macht der Professionist den ersten Einschnitt zu den Stäben eines massiven Getriebes.

C. Das blecherne Hohltriebmaß Fig. II. hat an jeder Seite einige Zapfen, und neben jedem Zapfen stehet in einiger Entfernung auf dem Bleche ein Punkt. Der Windenmacher ergreift zwei Stäbe eines Getriebes zwischen zwei Zapfen a, b, wenn er ihre Entfernung abmessen will, und durch die beiden Punkte c, d bestimmt er den Raum zwischen zwei Stäben. Man hat aus der Erfahrung den Abstand der Stäbe eines Getriebes bei jeder Größe der Winde gefunden, und auf ein Blech abgetragen. Die Größe der Winde wird aber nach der Zahl der Zähne ihres Rades bestimmt. Es heißt daher eine Winde ein Sechzehner, wenn das gedachte Rad 16 Zähne hat. Das Rad der kleinsten Winden erhält gewöhnlich sechszehn, und der größten vierzig Zähne. Nach diesem Verhältniß muß auch die Stärke des Getriebes abgemessen werden, und daher haben die Windenmacher bei jeder Art der Winden, von 16 bis auf 40 Zähne des Rades, ein besonderes Hohltriebmaß.

M. Mit dem halbrunden Stämpel Fig. XI. einem hammerartigen Meißel mit einer gekrümmten Schneide, werden die runden Löcher auf dem Eisenblech ausgehauen, und mit dem

N. Aufsetzmaß Fig. XII. findet der Professionist den Ort, wo er das Zapfenloch auf dem Gehäuse der Winde anbringen soll. Es giebt also eben so viel Arten dieses Blechs, als Arten von Winden. Der runde Ausschnitt zeigt den Ort für das Loch des Zapfens an.

O. Der Bohrer Fig. XIII. hat entweder auf seiner Seitenfläche verschiedene Kanten 1, oder auch mehrere Einschnitte dicht neben einander 2; weil mit diesem Instrument die Löcher der Büchsen, worin die Zapfen der Räder laufen, geglättet werden. Auf seinen Zapfen steckt man beim Gebrauch ein Windeisen. 5te Samml. S. 11.

P. Der Spannkloben Fig. XIV. ist ein kleiner eiserner Schraubenzwinger der Tischler, und man hält hiermit das Gehäuse einer Winde zusammen, wenn die innern Theile eingepaßt werden.

Q. Bei der Verfertigung des hölzernen Stocks, worauf die Winde befestiget wird, bedienen sich die Windenmacher einiger Werkzeuge der Holzarbeiter. Hierzu gehören unter andern, ein gewöhnlicher Holzbohrer, das Loch, worin sich die Stange bewegt, auszubohren, und ein halbrundes Stämmeisen, um eben dies Loch zu erweitern. Die Schneide des Kirftholzmeißels Fig. XV. ist in einem Knie gebogen, und es wird hiermit auf der Seite des Stocks einer Fußwinde eine Rinne ausgemeißelt, worin sich der Fuß der Stange bewege.

IV. Die Ursache wird sich unten ergeben, warum man in diesem Abschnitt nur bei den Arbeiten der gewöhnlichen Windenmacher stehen bleibt, und zu diesen gehört vorzüglich

A. Die **Winde**, womit im gemeinen Leben eine Last gehoben, oder gezogen wird. Der Mechanismus der Winden, der ihre Stange in Bewegung setzt, besteht entweder aus einem Rade und zwei Getrieben, oder statt des einen Getriebes greift in das Rad eine Schraube ohne Ende. Ueberdem giebt es auch noch Winden, die statt der Stange eine Schraube haben. Hieraus folgt, daß es eine dreifache Gattung der Winden giebt, wovon sich die erste wieder in drei Arten abtheilt.

a) Es wird daher zuerst die Rede von den gewöhnlichen **Winden** seyn, bei denen die Stange durch ein Rad und zwei Getriebe bewegt wird, und diese erhalten nach ihrem Gebrauch wieder den Namen der Wagenwinden, Fußwinden und Zugwinden. Der Mechanismus ist bei allen drei Arten ein und eben derselbe, bis auf einige kleine Abänderungen, die ihr Zweck nothwendig macht.

A. Die **Wagenwinde**, die, wenn sie sehr groß ist, auch eine Karrenwinde genannt wird, ist im gemeinen Leben bekannt genug. Denn wer weiß nicht, daß die Fuhrleute und

Kärrner eine Winde bei sich führen, womit sie den Wagen, oder auch Bäume in die Höhe winden? Sie sind übrigens die kleinsten in ihrer Art. Eine solche Winde bestehet aus einem blechernen Gehäuse Fig. XVI. a b, c d, worin das Räderwerk befestiget ist, und einem hölzernen Stock, der in der XVI. Fig. weggeblieben, dagegen aber bei der Fußwinde Fig. XVIII. in d e angebracht ist. Fig. XVI. stellt also bloß das offene Gehäuse, Fig. XVIII. aber das Gehäuse mit dem Stock e d vereinigt vor. Die innern Theile sind das Wichtigste, und die Beschreibung wird daher mit ihnen am füglichsten den Anfang machen. Damit aber der Leser in der Folge den Zweck eines jeden Stücks stets vor Augen habe, so soll der Mechanismus voraus geschickt werden. f g Fig. XVI. ist ein massives Getriebe, dessen Stäbe in die Zähne des Stirnrades h greifen. Mit diesem macht das Getriebe i ein Ganzes aus, weil beide Theile auf der gemeinschaftlichen Welle k l stecken. Die Stäbe des Getriebes i greifen in die Zähne der Stange m n. Wenn also eine Kurbel auf dem Zapfen g das Getriebe f g bewegt, so setzt dieses das Rad h, und zugleich das Getriebe i in Bewegung. Die Stäbe dieses Getriebes i erhöhen die Stange m n, wenn man die gedachte Kurbel rechts umdreht, im Gegentheil wird sie durch eben dies Getriebe hinab bewegt, wenn die Hand die Kurbel links umdrehet.

Diese vorläufigen Nachrichten mußten, der Deutlichkeit wegen, voraus geschickt werden, ehe sich die Bearbeitung der Theile erklären ließ.

a) Es

a) Es ist schon oben gesagt, daß das kleine Getriebe f g Fig. XVI. massiv ist, und daher wird es mit seiner Welle aus einem Stücke geschmiedet. Soll das Getriebe selbst vier Stäbe erhalten, so giebt man ihm unter dem Hammer die Gestalt eines Würfels; will man ihm aber nur drei Stäbe geben, wie zuweilen bei dem Getriebe i geschiehet, so erhält es eine dreieckige Gestalt. In beiden Fällen muß der Windenmacher die Größe des Getriebes nach der Größe der Winde, oder, wie bereits oben gezeigt ist, nach der Anzahl der Zähne des Rades h abmessen. Gewöhnlich erhält dies Rad 24 Zähne, und es soll in der gegenwärtigen Beschreibung diese Anzahl voraus gesetzt werden. Um also die bestimmte Stärke des Getriebes zu treffen, so mißt der Windenmacher beim Schmieden die Flächen des eigentlichen Getriebes schon einiger Maßen mit dem Hohltriebmaße Fig. II. ab. Gerade in der Mitte zwischen den beiden Kanten jeder Fläche des eigentlichen Getriebes macht er nach der Länge, mit der flachen Schärfe des Triebhammers Fig. I, einen starken Einschnitt in das erwärmte Eisen, und höhlt hierdurch schon in etwas den Zwischenraum zwischen zwei Stäben aus. Denn aus jeder Ecke des drei- oder vierkantigen Eisens, woraus das Getriebe verfertiget wird, entstehet ein Stab. Das Getriebe wird hierauf kalt in den Einschnitt eines vierkantigen Holzes gelegt, das der Windenmacher ein Stockholz nennt, und es beim Gebrauch in dem Schraubstock befestiget.

Dreieckige Getriebe liegen in einem dreieckigen, vierkantige aber in einem viereckigen Einschnitt des Stockholzes. Der Raum zwischen zwei Ecken wird mit einem Meißel kalt ausgehöhlet, und die Ecken werden auch mit eben diesem Instrument zu runden Stäben gebildet, die bloß unten mit dem Kern des Getriebes zusammen hangen. Bei dieser Arbeit mißt der Windenmacher die Stärke der Stäbe, und ihre Entfernung zum öftern mit dem Hohltriebmaß Fig. II. ab. Er ergreift jederzeit zwei Stäbe des Getriebes zwischen den beiden Zapfen a, b des Hohltriebmaßes, und fährt mit dem Blech an den Stäben hinab. Die Linie e c und g d zeigt ihm die Stärke der Stäbe an, und c d den Zwischenraum zwischen zwei Stäben. Es versteht sich, daß er bei einer Winde, deren Rad 24 Zähne hat, ein Hohltriebmaß wählen muß, worauf die Zahl 24 steht, denn jedes Hohltriebmaß hat seine Nummer, nach der Anzahl und Stärke der Zähne des Rades. Die Stäbe des Getriebes lassen sich nicht in ihren Ecken mit der Feile ebnen, und daher schabt sie der Professionist mit dem Schabekrug Fig. III. glatt. Die Welle des Getriebes kann er hingegen, nebst ihrem Zapfen, mit der Feile bearbeiten. Da aber die Zapfen genau auf dem Mittelpunkt der Welle stehen müssen, damit das Getriebe gerade laufe, so muß nothwendig dieser Punkt auf jedem Ende der Welle gesucht werden. Der Windenmacher faßt deshalb die Welle zwischen den beiden umgebogenen Spitzen, a, b des

Lauf-

Laufzirkels Fig. IV. ungefähr in der Achse der Welle, läßt das Getriebe herum laufen, und hält gegen den Umfang des eigentlichen Getriebes ein Stück Kreide. Er mißt mit einem Zirkel, ob an einem Orte über dem Kreise von Kreide etwas mehr stehen bleibt, als an dem andern, und setzt diesen Versuch so lange fort, bis er die Achse der Welle findet. Er muß hierbei theils den Laufzirkel in andre Punkte einsetzen, theils aber auch wohl etwas mit der Feile von dem Umfang des Getriebes abnehmen. Aus dem Punkt in der Achse der Welle kann er nunmehr, mit einem Zirkel, den Umfang des runden Zapfens bestimmen. Es ist nur noch zu bemerken, daß die Welle k i Fig. XVI. von einem Zapfen bis zum andern genau so lang seyn muß, als der Abstand der beiden Bleche des Gehäuses a b, c d beträgt, weil die Zapfen in den Blechen des Gehäuses laufen. Die Zapfen selbst springen aber an einer Seite des Gehäuses etwas vor, wie man Fig. XVIII. in l und g bemerken wird. l Ist der Zapfen des Rades h, und g der Zapfen des Getriebes f g, (Fig. XVI.) der eine längere vierkantige Spitze hat, um auf diese eine Kurbel Fig. XVI. g zu stecken, und die Maschine in Bewegung zu setzen.

b) Auf eben die Art wird auch das größere Hohlgetriebe i mit seiner Welle verfertiget, und es erhält nur beim Schmieden auf der Seite, wo es mit dem Rade h zusammen hängt, einen vierkantigen Zapfen, worauf das Rad geschoben und vernietet wird. Dies einzige verdient bei diesem Getrie-

Getriebe angemerkt zu werden, daß man ihm entweder vier oder nur drei Stäbe giebt. Die Winde ist aber nicht so dauerhaft und wirksam, wenn es drei Stäbe erhält.

c) Das Rad h sitzt also mit dem Getriebe i auf einer Welle k l. Der Windenmacher streckt mit dem Hammer eine massive Scheibe für das Rad aus, und bestimmt ihren Durchmesser erst nach dem Augenmaß. Die eine Seite des Rades h, die in der Zeichnung das Blech c d berührt, wird um den Mittelpunkt nach einem Kreise etwas dünner ausgetrieben, daß also der Umfang des Rades, worin die Zähne ausgeschnitten werden, etwa $\frac{1}{4}$ Zoll stärker ist, als die Mitte. Dies hat eine doppelte Absicht, theils damit das Rad nicht zu schwer werde, theils aber auch, damit man Raum für die Büchse erhalte, worin der gemeinschaftliche Zapfen des Rades und des Getriebes in l läuft, und die neben dem Rade auf dem Bleche c d angenietet wird. Die Vertiefung des Rades höhlt der Windenmacher mit dem Radstämpel F. V. aus, den er stets nach einem Kreise bewegt, und mit einem Hammer auf seinen Kopf schlägt. Die Scheibe wird in dieser Absicht erwärmt, und ihr Umfang nimmt durch das Austreiben der gedachten Vertiefung zu. Nach dem Schmieden muß der Zirkel die eigentliche Größe des Rades bestimmen. Die Windenmacher haben einen Maßstab, worauf die Durchmesser der Räder von sechszehn bis auf vierzig Zähne stehen. Der Durchmesser eines Rades h, das vier und zwanzig Zähne erhält, hat 4″ 8‴,

das

das Getriebe auf der Welle fg ist 1'' 4''', und das Getriebe i 5''' stark. Die Stärke der Zähne wird mit dem Federzirkel Fig. VI. praktisch gefunden. Soll das Rad 24 Zähne erhalten, so theilt man den Umfang mit dem halben Durchmesser des Rades erst in sechs, und jeden Theil wieder in vier gleiche Theile. Die Hälfte jedes dieser letzten Theile wird mit der Spitze a des Radhauers Fig. VII. ausgehauen, den man mit dem Hammer treibt, und jeden Zahn mit halbrunden und eckigen Feilen völlig nach ihrer bestimmmten Größe ausbildet. Um den Mittelpunkt des Rades hauet der Professionist mit einem Meißel ein vierkantiges Loch aus, das eben so groß ist, als der oben gedachte viereckige Zapfen an dem Getriebe i. Man weiß schon, daß das Rad auf diesen Zapfen aufgesteckt wird, und es ist also nur noch hinzuzufügen, daß die Kanten des Zapfens gegen das Rad mit dem Hammer getrieben werden, damit sie das Rad fest halten. Zuletzt muß der Windenmacher eben den Versuch mit dem Laufzirkel Fig. IV. anstellen, der bereits oben erzählt ist, und die gemeinschaftliche Welle k l, nebst ihrem Zapfen, mit der Feile nach der obigen Vorschrift ausarbeiten. S. 122.

d) Die Breite und Dicke der Stange mn hinter dem Getriebe i bestimmt der Windenmacher beim Schmieden mit dem Stangenmaß Fig. VIII, das in diesem Beispiel die Stärke einer Stange zu einer Winde, deren Rad 24 Zähne hat, nach der obigen Beschreibung Seite 117, angezeigt.

In

In n erhält sie beim Schmieden einen Kopf damit sie nicht von dem Getriebe h aus der Winde gewunden werde. Denn ein Eisen, das weiter unten soll beschrieben werden, hält die Stange an diesem Kopf zurück, wenn sie hoch genug in die Höhe gewunden ist. In m Fig. XVIII. giebt der Hammer und die Feile der Stange einen Zapfen, worauf ein gewöhnlich geschmiedetes und gekrümmtes Eisen, welches die Gabel heißt, aufgesteckt, und auf dem Zapfen vernietet wird. Dies geschiehet aber erst nach der Vereinigung aller Theile. Die Zähne der Stange mißt der Windenmacher mit eben dem Hohltriebmaß Fig. II. ab, womit er die Entfernung der Zähne des Getriebes f g bestimmte. Die Zwischenräume zwischen den Zähnen hauet er mit der Schärfe a des Stangenhauers Fig. IX. aus, und bringt sie mit einem Hauer und der Feile zur Vollkommenheit. Damit aber bei dieser Bearbeitung die Stange nicht etwa an einem Orte stärker werde, als an dem andern, so erforscht er zum öftern ihre Stärke mit dem Schiebemaß Fig. X. S. 117.

So wohl die Stange, als das Rad, nebst den Getrieben in den Winden sind einer großen Gewalt ausgesetzt, und es ist daher nothwendig, daß sie gehärtet, oder mit dem Professionisten zu reden, daß sie eingesetzt werden. Die Windenmacher mischen Ruß aus dem Ofen, und zerstoßene Ochsenklauen, die in einem Backofen braun gebrannt sind, unter einander, benetzen es in einer Tonne mit Urin, und heben diese Masse zum beständigen Ge-

Gebrauch auf. Soll ein Rad oder Getriebe gehärtet werden, so füllen sie eine blecherne Büchse mit der gedachten Masse an, stecken die Räder völlig hinein, verschliessen die Büchse mit einem Deckel, überziehen sie mit Lehm, und bedecken sie zwei Stunden mit glühenden Kohlen. Nach Verfließung dieser Zeit werden die Räder in Wasser abgekühlet. Bei den Stangen füllet der Professionist nur einen länglich viereckigen offenen Kasten mit eben der Masse an, steckt die Stange hinein, bedeckt den Kasten mit Kohlen, und läßt sie zwei Stunden in der Glut stehen. Sie werden zuletzt gleichfalls in kaltes Wasser gesteckt. Nach dem Härten polirt man die Stücke erst mit einem Sandstein, und hernach, so gut wie möglich, mit der Feile. Ist an dem Orte, wo sich der Windenmacher aufhält, eine Schleifmühle, so läßt man die Stange abschleifen.

e) Das Gehäuse der Winde bestehet aus zwei gleich großen Blechen a b, c d, die von dem Professionisten Deckel genannt, und durch vier Quereisen zusammen gehalten werden. Die Bleche schmiedet man aus massivem Eisen, und die gedachten vier Querstangen, wovon in der Zeichnung nur drei ac, op, qr, Fig. XVI. in die Augen fallen, sind etwa einen halben Zoll breit, und halb so dick. An jedem Ende erhalten diese Eisen, die der Windenmacher Stifte nennt, einen Zapfen, der ein Blech des Gehäuses durchbohrt. Die Zapfen in dem Bleche ab werden auf demselben vernietet, allein durch die Spitze der Zapfen

sen an der Seite c d wird ein Loch gebohrt, worin ein Splint, oder nach dem Ausdruck des Professionisten, eine Schluse gesteckt wird, damit sich das Gehäuse von einander nehmen lasse. Das Wichtigste hierbei ist, daß zwei Stifte unten und oben gerade so weit aus einander gestellt werden, als die Breite der Stange m n beträgt, denn das Auge wird in der Zeichnung bemerken, daß sich die Stange zwischen diesen Stiften bewegt. Damit aber die Stange völlig unbeweglich sey, so wird zwischen den beiden obern Stiften a c, o p an jedem Blech des Gehäuses ein Stück Eisen s, r angenietet, welche die Kruppen genannt werden, und diese sind genau von einander so weit entfernt, als die Dicke der Stange m n beträgt. Unten lehnt sich die Stange gegen das Rad h, und daher darf nur in das Blech a b ein Zapfen angenietet werden, der bis an die Stange reicht. Die XVII. Fig. stellt das Blech a b besonders vor, wo man diesen Zapfen in u bemerken wird. Bei einiger Ueberlegung wird man leicht aus der Beschreibung ersehen, daß die Stange auf allen Seiten eingeschränkt und unbeweglich ist. Die dünnen Bleche a b, c d geben kein bequemes Zapfenlager für die Wellen f g, k l, und daher muß an jedem Bleche des Gehäuses ein stärkeres Stück Eisen angenietet werden. An der innern Fläche des Blechs a b erhält man diesen Zweck durch ein Stück Eisen v w q, welches der Windenmacher den zwiefachen Ring nennt, weil er zwei Büchsen, oder

Löcher

Löcher, für die Zapfen f und k hat. Beim Schmieden schlägt der Hammer das Eisen in v, w, q etwas dünner, und ein Dorn durchbohrt diese Stellen, und zugleich an seinem Orte das Blech a b, um den doppelten Ring durch drei Niete mit dem Bleche a b zu verknüpfen. Nach der Entfernung der Achsen beider Wellen wird in f und k ein Loch mit einem Dorn in das erwärmte Metall geschlagen, und mit dem Bohrer Fig. XIII. vermittelst eines Windeisens, ausgebohrt oder geglättet. Es ist an sich klar, daß diese Löcher gerade so groß, als die Zapfen f und k seyn müssen. Der doppelte Ring wird mit seinen beiden Löchern in v w q Fig. XVII. deutlich in die Augen fallen. Im Gegentheil nietet der Windenmacher in eben dieser Absicht auf der äußern Fläche des Bleches c d ein kleineres, aber dicker ausgeschmiedetes Eisen an, welches er den Knauf nennt. In der XVIII. Fig. wird man dies Blech in x deutlich erkennen. Der Zapfen l durchbohrt bloß das Seitenblech und den Knauf, und das Loch hauet der Professionist mit dem halbrunden Hauer Fig. XI. aus. Er muß aber vorher dieses Loch, und auch das Loch g, mit dem Aufsetzmaß Fig. XII. nach der obigen Beschreibung S. 118, suchen. Der Zapfen g Fig. XVI. und XVIII. trägt die Kurbel. Er muß daher nicht nur ziemlich lang seyn, sondern sein Zapfenlager ist auch der ganzen Kraft des Menschen ausgesetzt, der die Kurbel umdrehet. Es ist also nöthig, das Zapfenlager zu verstärken. In dieser Absicht läuft der Zapfen nicht nur in den beiden Blechen, sondern auch in einer kleinen Büchse, die man in r Fig. XVI. bemerken wird. Der Windenmacher nennt diese Büchse den Ring. Er treibt ihn aus dem erwärmten Knauf x z mit einem Hammer aus, dessen runder Umfang die Größe des Ringes hat. Der Hammer bildet einen Ring mit einem Boden, und der letzte muß daher mit dem halbrunden Hauer Fig. XI. ausgeschnitten werden. In den hohlen Ring setzt man noch einen zweiten Ring, die Büchse, ein, und der Umfang des Lochs des letzten Ringes stimmt mit der Stärke seines Zapfens genau überein. Er wird gleichfalls mit dem Bohrer Fig. XIII. geglättet. Die Verfertigung der Kurbel g hat keine Schwierigkeit. Bei dieser Art der Winden wird auch auf dem Bleche c d ein Haken mit einem Gelenke befestiget, womit man die Kurbel fest hält, wenn die Winde unter einer Last ruhen soll. Fig. XX. A.

Nunmehr lassen sich alle Theile der Winde verknüpfen. Die beiden Wellen f g, k l Fig. XVI. werden an ihren Zapfen in den Ring v q, und in das Seitenblech c d eingesetzt. Die Stange m n wird zwischen die Stefte a c, o p, q r gesteckt, und eben diese Stefte vereinigen auch die beiden Bleche a b, c d des Gehäuses. Vor der völligen Vereinigung schraubet aber der Windenmacher das Gehäuse mit dem Spannkloben Fig. XIV. zusammen, um zu erforschen, ob auch die Theile genau in einander passen, und die Feile hebt alle Fehler dieser Art. Man setzt aber auch schon alle Theile verloren zusammen, ehe die Räder nebst der Stange gehär-

gehärtet werden, und hebt mit der Winde eine große Last, um zu versuchen, ob sie gehörig wirke.

f) Gleich zu Anfange dieser Beschreibung wurde gesagt, daß die Winde auf einem drei Fuß hohen Holze, das der Stock heißt, befestiget wird. In der XVIII. Fig. ist dieser Stock durch d e angedeutet worden. An dem Ende a b, c d des Stocks wird mit einem Holzmeißel ein so großes Stück ausgemeißelt, als die Breite der innern Theile der Winde zusammen genommen beträgt. Es bleiben also nur an diesem Ende zwei schmale Stücke Holz stehen, die in der Zeichnung von dem Bleche a d bedeckt werden. In diese Aushöhlung wird die Winde eingeschoben, und mit einem Ringe in a c befestiget. Vorher wird aber ein Loch B in den untern Theil d e des Stocks gebohrt, und mit einem Meißel erweitert. Dieses Loch giebt der Stange m n Raum, sich frei zu bewegen. Auf dem Fuß e der Winde schlägt der Windenmacher ein Blech an, und durch dieses noch einige starke Stifte, damit die Winde beim Gebrauch nicht unmittelbar auf der Erde stehe. Ueberdem treibt er noch in e und in der Mitte einen Ring auf den Stock, daß er nicht so leicht zerspalte.

B. Die Fußwinde Fig. XIX. ist nur in dem einzigen Stücke von der vorigen Art verschieden, daß die Stange an dem untern Ende einen Fuß c, oder einen starken Widerhaken hat. Damit nun dieser Fuß nicht von dem Stock in der Bewegung gehindert werde, so wird mit dem Kirftmeißel Fig. XV. auf einer Seite des Stocks eine Rinne ausgehöhlet, worin sich der Fuß frei beweget. Der Steinmetz und der Zimmermann heben mit diesen Winden schwere Lasten auf.

C. Die Zugwinden Fig. XX. weichen gleichfalls nur wenig von den Wagenwinden ab. Sie erhalten eine, oder auch zwei Stangen.

a) Diejenigen, welche zwei Stangen haben, mögen den ersten Platz einnehmen. Das kleine Getriebe muß gerade in der Mitte angebracht werden, damit es die beiden Stangen nicht in der Bewegung hindere. Wenn also die Kurbel f rechts umgedrehet wird, und das Getriebe f g das Rad h und das zweite Getriebe i in Bewegung setzt, so nähern sich die beiden Füße der Stangen m n, o p, und umgekehrt entfernen sie sich. Bei der Bearbeitung der Theile ist nichts weiter zu bemerken, als daß jede Stange in m und p einen Widerhaken oder Fuß erhält. Die Stellmacher krümmen zwischen den Füßen dieser Winden Stangen und Bäume, wie man sich denn auch dieser Winde mit Vortheil im gemeinen Leben bedient, wenn Körper zusammen gespannt werden sollen, z. E. zwei Quadersteine.

b) Die einfachen Zugwinden haben nur eine Stange mit einem Fuß. Der andre Fuß wird an dem Gehäuse befestiget. Uebrigens bleibt alles, wie bei der Wagenwinde. Beide Arten Zugwinden erhalten keinen hölzernen Stock, sondern das Gehäuse ist dagegen auf allen Seiten verschlossen.

Anmerk. Bloß die Neugierde zu befriedigen, hat man Fig. XXI. eine Winde zeichnen lassen, womit die Alten die Sehnen ihrer Bogen spannten. Sie haben eben die innern Theile, als die Wagenwinden. Denn a b ist das einzelne Getriebe, das in a durch eine kleine Kurbel bewegt wird; c d ist das große Rad, das mit dem Getriebe e f zusammen hängt. Dies letztere bewegt die Stange g h, die in h durch einen Ring an dem Bogen befestiget wurde, und mit dem Widerhaken in g die Sehne ergriff. i k ist die Bedeckung auf dem Rade c d.

b) Die Winden, welche durch eine Schraube ohne Ende bewegt werden, sind in diesen Gegenden nicht gewöhnlich, ungeachtet sie weit stärker, als die vorhergehenden wirken. Kenner der Mechanik wissen aber auch, daß sie ihre Kraft langsamer äußern, als die gewöhnlichen Winden.

Die einfachsten Winden dieser Art haben zwar eine gewöhnliche Stange, aber statt des abgesonderten Getriebes in den vorigen Winden eine Schraube. Zwischen zwei Blechen des Gehäuses a b und c d Fig. XXII. läuft eine Schraube e f, und ihr Zapfen e trägt die Kurbel. Ihre Schraubengänge fassen in ein Stirnrad g h, welches bekannter Maßen schief gerichtete Zähne hat. Dies Rad steckt, wie bei den vorigen Winden, mit dem Getriebe i auf einer Welle, die von zwei besondern Quereisen zwischen den Blechen des Gehäuses gehalten wird, wovon aber nur das hinterste l k konnte gezeichnet werden, wenn die übrigen

Theile deutlich seyn sollten. Die Stäbe des Getriebes i fassen in die Zähne der Stange m n, und setzen sie in Bewegung. Diese wird, wie bei den vorigen Winden, von vier Steften a c, b d eingeschränkt, die aber auch zugleich das Gehäuse zusammen halten. Bis auf die Schraube e f und das Rad g h werden alle Theile wie bei den vorigen Winden bearbeitet. Die drei Schraubengänge der Schraube e f mißt der Windenmacher so gut wie möglich praktisch ab, und höhlt sie mit dem Meißel aus. Die Abtheilung der Zähne des Rades g h sucht er gleichfalls durch oft wiederholtes Abmessen, und hauet sie warm mit dem Räderhammer Fig. VII. aus. Die Zusammenfügung der Theile weicht in keiner Absicht von dem obigen ab.

c) Die stärkste Gewalt äußern diejenigen Winden, die nicht nur durch eine Schraube ohne Ende in Bewegung gesetzt werden, sondern die auch, statt der Stange in den vorigen Winden, eine starke Schraube haben. Man bedient sich daher dieser Winden, um ein Gebäude bei einer Ausbesserung in die Höhe zu schrauben. Zwischen den beiden Blechen des Gehäuses Fig. XXIII. a b, c d läuft eine Schraube mit drei Schraubengängen e f, und faßt in ein Stirnrad mit schiefen Zähnen g h. Dieses hängt mit einer starken und runden Schraubenmutter i k l zusammen, die der Windenmacher den Fuß nennt, und die senkrecht durch ihren Zapfen l in dem Loche eines Zapfenlagers m n läuft. In der Schraubenmutter i l k steckt eine starke

Schrau-

Schraube o p. Wenn also die Kurbel in e rechts umgedrehet wird, und die Schraube e f bewegt, diese aber das Rad g h und die damit verknüpfte Schraubenmutter i k l in Bewegung setzt, so erheben die Schraubengänge der letztern die Schraube o p. Wird aber die Kurbel e links umgedrehet, so gehet die Schraube o p hinab. Die Verfertigung der mehresten Theile dieser Winde ist aus der vorigen Beschreibung begreiflich, nur nicht das Entstehen der Schraubenmutter i l k und der Schraube o p. Beide Stücke werden zwar gewöhnlich geschmiedet, aber da die Schraube zuweilen einige Zolle stark ist, so läßt sie sich nebst ihrer Mutter freilich nicht mit dem gewöhnlichen Schneideeisen der übrigen Metallarbeiter schneiden. Noch weniger würde man dies Instrument bei den großen Schrauben der Maschinen in der Münze anbringen können, die zuweilen einige Centner wiegen. Hierzu kommt, daß die gewöhnlichen Schrauben, die mit den bekannten Schneideeisen geschnitten werden, ein scharfes Gewinde haben, hingegen diese Schrauben erhalten ein flaches Gewinde, oder deutlich zu reden, das Gewinde, das um die Spindel der Schraube geht, ist bei der letzten Art vierkantig. Diese Schrauben sind weit dauerhafter, als die ersten, aber ihre Verfertigung ist auch künstlicher. Geschickte Windenmacher drehen die Schraube erst auf einem Drehrade ab, und schneiden die Schraubengänge mit einer besondern Maschine. Das letzte gilt auch von der Schraubenmutter, wenn das Loch vorher durchgebohrt ist. Man hat aber den hiesigen Windenmacher nicht bereden können und wollen, sein Drehrad und seine Schneidemaschine durch eine Zeichnung bekannt zu machen. Er ist in hiesiger Gegend der einzige, der diese Maschinen besitzt, und es würde ihm ein Theil seiner Nahrung entgehen, wenn diese Maschinen bekannt würden. Unterdessen fehlt es den Windenmachern in Augsburg, Hamburg und Nürnberg nicht an Maschinen dieser Art. Kunstverständigen würde es vielleicht nicht schwer fallen, eine solche Maschine selbst zu erfinden, wenn sie neben einem starken Geißfuß, womit man hölzerne Schrauben schneidet, einen Mechanismus anbrächten, der die Spindel, die man schneiden will, in Bewegung setzte. Die gewöhnlichen Schlösser messen das Gewinde so gut, wie möglich auf einer eisernen Spindel ab, und höhlen die Schraubengänge mit dem Meißel aus. Die Schraube wird aber freilich nicht so genau, als wenn sie mit einem Schneidezeuge geschnitten ist. Die Schraubenmutter lassen sie von den Messingarbeitern über der Schraube aus Messing gießen.

Aus der Beschreibung der Winde lassen sich die übrigen gewöhnlichen Arbeiten der Windenmacher leicht erklären.

B. Hierzu gehört das Seilergeschirr Fig. XXIV. womit die Seiler ihre Seile drehen. Das Gehäuse bestehet gleichfalls aus zwei Blechen ab, cd, die die innern Theile zusammen halten. Das

Das große Stirnrad e f erhält 24 Zähne, und setzt vier Getriebe in Bewegung, wovon aber in der XXIV Fig. nur zwei zu sehen sind, gh, ik. Hingegen sind sie in der XXV. Fig. die nur ein Blech mit den innern Theilen vorstellt, in g, h, i, k ausgedruckt worden. Die andern beiden haben in der XXIV. Fig. eben die Lage auf der entgegen gesetzten Seite des Rades. Ein langer und zugespitzter Zapfen des Rades und der vier Getriebe durchbohrt das Blech a b, und die Spitze dieser Zapfen wird nach der Zusammensetzung des Ganzen zu einem Haken gekrümmt, der die Striemen des Seils bei der Verfertigung hält. Die Haken fallen auf dem Bleche a b deutlich genug in die Augen. Das Gehäuse wird, wie die Winden, durch vier Stefte l m, n o zusammen gehalten. Wenn also die Kurbel p, auf dem Zapfen des Rades e f, die Maschine in Bewegung setzt, so laufen die vier Getriebe, wovon jedes vier Stäbe hat, sechs Mal herum, unterdessen daß sich das Rad, welches 24 Zähne hat, Ein Mal in einem Kreise bewegt. Man kann aber auch die Kurbel auf den Zapfen der Welle eines Getriebes stecken, und in diesem Fall läuft das Rad bei jeder Umdrehung der Kurbel sechs Mal langsamer, als vorher. Das Rad und die vier Getriebe bearbeitet der Windenmacher auf eben die Art, als die ähnlichen Stücke einer Winde, und die Zapfen der Wellen erhalten auch eben das Zapfenlager, welches bereits oben ist beschrieben worden. S. 129.

C. Der Inhalt dieses Abschnitts lehret schon, daß die eisernen Pressen gleichfalls in der Werkstätte der Windenmacher entstehen. Eine der kleinsten ist die Siegelpresse Fig. XXVI. womit man in Wachs oder Oblate ein Siegel ausprägt. a b c d e heißt der Bogen der Presse, und b d der Steg. Das Eisen c des Bogens durchbohrt eine Schraube f g, womit ein vierkantiger Schieber g h zusammen hängt. Dieser läßt sich in einem senkrechten Loche i des Stegs verschieben, und trägt unten ein Petschaft k. Der kleine Schlüssel l m setzt die Schraube f g in Bewegung. Der Bogen a b c d e wird aus einer kleinen geschmiedeten Stange, von dem Hammer an der Ecke des Ambosses, erwärmt nach der Gestalt gekrümmt, die die Zeichnung begreiflich macht. Das Ganze muß nur völlig senkrecht stehen. In a und e giebt der Hammer dem Bogen Zapfen, woraus der Windenmacher mit einem gewöhnlichen Schneidezeuge Schrauben schneidet. Mit eben diesem Instrument erhalten auch zwei Schraubenmütter Schraubengänge, und mit diesen und den gedachten Schrauben wird der Bogen auf einem starken Brette a e befestiget. Vor der Vereinigung dieser beiden Stücke versenkt der Windenmacher eine eiserne Platte o p in das Brett, die etwa einen halben Zoll dick ist, und durchbohrt sie in o und p mit einem Dorn, damit sie von den beiden Schrauben a, e, zugleich mit dem Bogen auf dem Brette fest gehalten werde. Beim Schmieden des Bogens

bleibt

bleibt in c ein stärkeres Stück stehen, das mit einem Hammer und der Feile rund ausgebildet wird. Der Windenmacher nennt diesen vorstehenden Theil des Bogens den **Kern**, durchbohrt ihn senkrecht mit einem Dorn, und giebt dem Loche flache Schraubengänge. Von dieser Arbeit und der Verfertigung der Schraube f g gilt eben das, was bereits oben, Seite 135, von der Schraube und Schraubenmutter der letzten Winde gesagt ist, daß der Windenmacher sie mit einer Maschine schneidet. Der Schlüssel l m wird gewöhnlich geschmiedet, und auf einem Zapfen der Schraube f gesteckt. In der Mitte des Stegs b d läßt der Professionist beim Schmieden einen stärkern vierkantigen Zapfen i stehen, durchbohrt ihn senkrecht mit einem Bohrer, und erweitert das Loch viereckig mit einem vierkantigen Dorn. Der Dorn muß aber genau die Größe des Schiebers g h haben, damit dieser sich, ohne zu wanken, in dem Loche hinauf und hinab schieben lasse. Auf der innern Fläche des Bogens wird in q und r mit der Feile ein Einschnitt gemacht, und eben dies Instrument feilt an jedem Ende des Stegs eine Falze, welche genau in den Einschnitt paßt. Auf diese Art wird der Steg zwar mit dem Bogen verknüpft, aber man kann ihn auch wieder abnehmen. Die Vereinigung des Schiebers g h mit der Schraube f g hat man durch die XXVII. Fig. begreiflich zu machen gesucht. An dem einem Ende g des Schiebers hauet der Windenmacher mit einem Meißel ein vierkantiges Loch aus, daß ein schmales

les Stück Eisen g s oben stehen bleibt. Dieses zerschneidet er in der Mitte r gleichfalls mit einem Meißel. Die Schraube f g erhält an dem untersten Ende von der Feile einen Zapfen, und unter diesem mit eben dem Instrument eine dünne Scheibe u, die der Professionist nebst dem Zapfen einen Hals nennt. Der Zapfen muß genau in den Einschnitt t des Schiebers passen, und die Scheibe u ist nur so groß, daß sie sich in dem vierkantigen Loche des Schiebers bequem umdrehen läßt. Nunmehr ist es ganz deutlich, daß die Schraube f g sich umdrehen kann, ohne von dem Schieber g h gehindert zu werden, und daß der Hals der Schraube s dessen ungeachtet den Schieber g h hebt. Auf der Mitte der Grundfläche des Schiebers h wird ein Loch eingebohrt, und mit einem vierkantigen Dorn erweitert, um dem Zapfen des Petschafts k in dieses Loch zu stecken, und mit einer kleinen Schraube in h an dem Schieber fest zu halten. Bei der Verfertigung des Petschafts muß die Feile das beste thun, wie denn überhaupt diese kleine Presse aufs beste mit diesem Werkzeuge zierlich ausgearbeitet wird. Z. E. dem Würfel i giebt es Stäbe der Baukunst.

Anmerk. Auf eben die Art wird die Schraube bei den großen Pressen der Münze, die den Pressen der Knaufmacher ähnlich sind, mit dem Schieber vereiniget. Der eiserne Würfel r (5te Sammlung Tab. IV. Fig. VIII.) wird daher aus zwei Stücken zusammen gesetzt, um den Hals der Schraube in einem Loche des Würfels einzuschränken. Die starken Schrauben und ihre messingenen Schraubenmütter schneidet der Win-

dem

denmacher mit der Schneidemaschine. Das Gehäuse wird gewöhnlich geschmiedet. Die Walzen des Streckwerks in der Bleifabrik 4te Samml. Tab. II. Fig. XI. 11. 10. werden bei den neuen Streckmaschinen bloß aus Eisen geschmiedet. Nach dem Schmieden drehet sie der Windenmacher auf seiner Drehmaschine ab. Die Verfertigung der kleinen Theile wird aus der Beschreibung der Winden größten Theils können erklärt werden. Man hat sich bei diesen Stücken nicht aufhalten können, da eine Beschreibung ohne dies, aus Mangel der Kenntniß der Dreh und Schneidemaschine, unvollkommen ausfallen würde.

V. Zünftigkeit. Die Windenmacher gehören zu dem Gewerk der Schlösser. Ihre Lehrbursche können zwar nach drei Jahren losgesprochen werden, wenn sie ein Lehrgeld erlegen, ohne dieses müssen sie aber fünf bis sechs Jahre lernen. Ihre Gesellen erhalten kein Geschenk. Der hiesige Windenmacher hat zum Meisterstück eine gewöhnliche Wagenwinde verfertiget; allein in Nürnberg muß eine genau ausgearbeitete Armbrustwinde Fig. XXI. und eine Winde der dritten Art Fig. XXIII. dem Gewerke zur Prüfung vorgelegt werden.

Fünf=

Fünfter Abschnitt.

Der Zeugschmid.

I. Inhalt. Ein Zeugschmid muß die Geschicklichkeit besitzen, beinahe alle eiserne und verstählte Instrumente der übrigen Professionisten, und besonders der Holzarbeiter zu verfertigen. Ueberdem verarbeitet er auch massives Eisen und Eisenblech zu verschiedenen Küchengeräthen. Wer bereits mit den Mitteln bekannt ist, wodurch die Grobschmide und Schlösser, nach dem Zweck und der Gestalt jeder Arbeit, die Härte des Eisens zu überwinden, und dies Metall zu bilden wissen, der wird bei jeder Arbeit des Zeugschmids im voraus errathen, wie sie unter der Hand dieses Professionisten geschmiedet, zusammen gefügt, und weiter ausgearbeitet wird.

II. Der Zweck der Werkzeuge macht es nothwendig, daß man ihnen eine vorzügliche Dauerhaftigkeit geben muß. Daher kann sie der Zeugschmid nur aus Schwedischem Eisen schmieden. Dieser Grund fällt aber bei Küchengeräthen weg, und daher werden sie nur aus einländischem Eisen verfertiget. Verschiedene andere Küchengeräthe werden auch aus Eisenblech zusammen gesetzt. Der Zeugschmid erhält dieses

Blech aus Sulzhausen in dünnen Tafeln, die einen Fuß ins Gevierte groß sind, und bezahlt jede Tafel mit 2 Gr. 8 Pf. Zum Verstählen der Werkzeuge nimmt er den Kölnischen, und auch den Steiermärkischen Stahl. Den letztern kann er aber nur bei solchen Stücken verbrauchen, bei denen keine vorzügliche Dauerhaftigkeit erfordert wird, weil nicht alle Stellen eine gleiche Härte annehmen.

III. Wenige Stücke ausgenommen, bemerkt man die Werkzeuge der Schlösser auch in der Werkstätte der Zeugschmide. Es würde aber überflüssig seyn, von der Esse, dem Amboß, den verschiedenen Arten der Hämmer, Zangen und Feilen, von dem Schraubstock u. d. g. abermals zu reden, und es sollen daher nur die wenigen Werkzeuge angeführt werden, die aus den vorigen Abschnitten noch nicht bekannt sind.

A. Die Schränkklinge ist etwa einen Fuß lang und $\frac{1}{2}$ Zoll breit, und hat auf jeder Seite eine stumpfe Schneide, worin Kerben von verschiedener Breite, etwa $\frac{1}{4}$ Zoll tief, ausgehauen sind. Das übrige wird der Augenschein in der I. Fig. Tab. IV. begreiflich machen. Die Zähne einer Säge werden mit diesem Instrument auswärts gebogen.

B. Bei Verfertigung eines Bohrers treibt der Zeugschmid die Schneide in dem Biegeeisen Fig. II. nach einer halben hohlen Walze aus. Die Angel dieses Werkzeuges steckt in einem Amboßstock, und seine beiden eisernen Arme machen

einen

einen Winkel. Jede Ecke an den Flächen a b und c d ist abgerundet.

C. Die gewundenen Schneckenbohrer erhalten auf dem Richteisen Fig. III. ihre Krümmung. Es ist ein vierkantiges Stück Eisen, das etwa um einen Zoll aus dem Ambosstock hervor ragt, und dessen Kopf, oder Knorren, die Gestalt einer halben Walze hat. Die Größe jedes Bohrers erfordert ein besonderes Richteisen, und daher stehen verschiedene Instrumente dieser Art auf einem Kloß beisammen.

D. Der Senkkolben Fig. IV. hat vorne einen Kopf a b, gleich einem abgekürzten Kegel, und auf seiner Seitenfläche sind gewundene Kerben oder Einschnitte. In dem hintersten Theil c dieses Instruments ist ein vierkantiges ausgehöhltes Loch, weil man den Senkkolben beim Gebrauch auf den vierkantigen Zapfen an einem Ende einer Spille des Schleifsteins steckt, und dies Instrument zuleich mit dem Schleifstein umdrehet. Es wird hiermit die innere Fläche eines rund ausgehöhlten Eisens ausgerieben, z. E. die Aushöhlung einer Docke an einer Drechselbank.

E. Das Feuerbeckenrichteisen gleicht völlig einem kleinen Liegeamboß der Kupferschmide Fig. V. und der Zeugschmid biegt auch auf diesem Werkzeuge die Bleche rund, z. B. bei dem Feuerbecken.

F. Mit den Durchschlägen, Fig. VI. verstählten runden Eisen mit einer platten Spitze, hauet der Zeugschmid auf dem Bleche

Löcher

Löcher von verschiedener Größe aus. Daher findet man bei ihm Durchschläge von aller Größe in ziemlicher Anzahl.

IV. Die Waaren dieses Handwerkers lassen sich in Werkzeuge für die übrigen Professionisten, und in Küchengeräthe absondern. Einige Beispiele von beiden Arten werden die Geschicklichkeit des Zeugschmids hinlänglich begreiflich machen.

A. Wenn alle Werkzeuge, die der Zeugschmid verfertiget, sollten erzählt werden, so müßte das Entstehen der Bohrer, Sägen, Hämmer, Durchschläge, Meißel und aller Stücke, die nur ein Professionist verlangen kann, zergliedert werden. Aus dieser großen Anzahl wird man aber nur die nothwendigsten zu Beispielen wählen.

a) Die Sägen werden in Handsägen, und große Sägen, die von zwei Personen gezogen werden, abgetheilt. Der Zeugschmid schmiedet die Handsägen entweder aus alten Säbel- und Degenklingen, weil diese wenigstens noch etwas Stahl enthalten; oder in Ermangelung dessen aus gutem Schwedischen Eisen. In beiden Fällen streckt er das Metall unter dem Hammer zu einem dünnen Blatt aus, und giebt diesem an jedem Ende eine Angel. Er hat hierbei nur dies zu beobachten, daß er das Metall aufs beste ausschweißt, und daher muß es zum öftern wieder erwärmt werden, damit es stets den erforderlichen Grad der Hitze behalte; s. fünfte Sammlung, S. 223. Nach dem Schmieden wird das Blatt rothwarm gemacht, mit einem nassen Hammer gehämmert, bis es erkaltet, und auf diese Art einiger Maßen gehärtet. Damit das Blatt gerade werde, und die Zähne sich gleichmäßig ausfeilen lassen, so beschneidet man das Eisen auf den beiden langen Seiten mit einer starken Blechschere. Die beiden großen Seitenflächen werden mit einem Sandstein aus freier Hand geschliffen, und geglättet. Zuweilen behobelt man sie auch noch wohl mit einem starken Hobel. Der Zeugschmid schreitet nun zu dem Wichtigsten, nämlich zu dem Ausfeilen, oder Aufsetzen der Zähne. Der Schraubstock hält bei dieser Arbeit die Säge fest, und eine dreikantige Feile schneidet die Zähne aus. Der Professionist trifft die gleichmäßige Größe der Zähne bloß durch das Augenmaß, außer daß er bei feinen Zähnen eine kleine, bei groben aber eine stärkere Feile erwählt. Unstreitig weiß ein jeder, daß die Zähne einer Säge aus einander gesperrt sind, oder daß sie auf dem Blatte schief stehen. Der Professionist erleichtert sich das Zurückbiegen der Zähne durch die Schränkklinge, und er nennt diese Arbeit daher auch das Schränken der Säge. Er steckt jeden Zahn in einen Kerb der Schränkklinge Fig. I. worin er paßt, so daß die Spitze des Zahns z. B. über einen Kerb in a zu liegen kommt, und biegt wechselsweise einen Zahn rechts, den andern links zurück. Zuletzt schärft er jede Seite eines Zahns mit einer Feile auf. Die gefeilte Schärfe jedes Zahns muß an der einen Seite der Säge zur Rechten, an der andern aber zur Linken in die Augen fallen. Große Sägen verfertiget der Zeugschmid mit eben den Handgriffen bloß aus Schwedischem Eisen. Die Zähne werden nur nicht mit der Schränkklinge, sondern auf der Ecke des Ambosses mit dem Hammer auswärts gebogen. Bloß die Böhmischen Sägen haben gerade aufgerichtete Zähne, sie werden aber in hiesiger Gegend nicht verfertiget.

b) Eben so nöthig, als die Säge, ist auch der Bohrer bei Bearbeitung der mehresten Produkte der Erde. Ueberhaupt werden alle Bohrer nach ihrer Gestalt in gerade und Schneckenbohrer eingetheilt, und jede Art erhält wieder nach ihrer Größe und nach ihrem Gebrauch verschiedene Benennungen. Es würde aber zu weitläuftig seyn, die Namen aller Bohrer zu nennen.

A. Zu den geraden Bohrern Fig. VII. VIII. gehören vorzüglich die Bohrer des Pumpenmachers und des Zimmermanns. Die Schneiden dieser Bohrer gehen nach einer geraden Linie fort, und die Spitze hat die Gestalt der Spitze eines stark ausgehöhlten Löffels. Der Bohrer, womit die Pumpen zum zweiten Mal ausgebohrt werden, hat noch das Besondere, daß auf der Spitze ein Haken steht, der die Späne heraus zieht. Eine kleine Abänderung der Spitze und der Schneide sondert die geraden Bohrer wieder in Einschneider und Zweischneider ab. Die letztern Fig. VIII. schneiden auf beiden Seiten, die Einschneider aber nur auf der linken Seite. Ueberdem ist bei den Einschneidern die Spitze aufgeschnitten, und der ein Lappen greift etwas vor, damit der Bohrer desto besser schneide Fig. VII. a. Der Zeugschmid schmiedet aus einer Stange Eisen sogleich den Stiel zurecht, und läßt für die Schneide ein stärkeres Stück an einem Ende stehen. Dies letzte streckt er etwas flach aus. Soll der Bohrer ein Zweischneider werden, so legt er über das ganze flache Stück ein ausgeschmiedetes dünneres Stück Stahl, bei dem Einschneider aber nur ein schmales Stück auf die linke Seite. In beiden Fällen wird Stahl und Eisen zusammen geschweißt. Das verstählte Eisen legt er erwärmt zwischen die Arme des Biegeisens Fig. II. treibt es mit der Finne eines Hammers zu einer halben hohlen Walze aus, streckt es zugleich dünner aus, und schärft die Schneiden. Zuletzt wird die äußerste Spitze des Bohrers auf einer abgerundeten Kante a des Biegeisens, nach der oben beschriebenen Gestalt, ausgeschmiedet. Die Zweischneider behalten diese Gestalt. Die Spitze der Einschneider a wird aber aufgeschnitten; und dieses geschiehet bei kleinen Bohrern bloß mit einer Feile, bei großen aber wird sie erst mit einem Meißel von einander gespalten, hernach ausgefeilt, und der größte Theil erwärmt etwas ausgebogen. Bei den Bohrern ist das Härten nothwendig, und wenn die Härte gut werden soll, so muß der Metallarbeiter die Natur des Stahls kennen, den er härten soll. Er läßt den Bohrer weißwarm werden, und

wenn

wenn er ihn aus der Esse genommen, so steckt er die Spitze in Talg, und hernach den ganzen Bohrer in kaltes Spreewasser. Er legt ihn alsdenn auf glühende Kohlen, und nimmt den erwärmten Stahl wieder aus dem Feuer, wenn das Metall eine hafergelbe Farbe annimmt. Hat er aber beim Schmieden bemerkt, daß der Stahl hart ist, so läßt er ihn so lange in der Glut, bis er nach der hafergelben Farbe blau anläuft. Die Schneiden schärft der Zeugschmid mit der Feile vor dem Härten. Zu diesen Bohrern gehören auch die Weinküperbohrer, die nur ganz kurze Schneiden, und über diesen einen massiven runden Kopf haben.

B. Die Schneckenbohrer Fig. IX. haben gewundene Schärfen a, und überdem noch eine schraubenartige Spitze b. Sie werden von dem Rademacher, Stellmacher, und beinahe von allen übrigen Holzarbeitern gebraucht, und sie sind auch im gemeinen Leben am gewöhnlichsten. Sie werden wie die geraden Bohrer geschmiedet, und nur auf einer Seite verstählt. In dem Biegeisen Fig. II. erhalten sie gleichfalls die ausgehöhlte Gestalt eines halben Kegels, hernach müssen sie aber noch auf dem Richteisen gewunden werden. Der Zeugschmid legt sie erwärmt auf den Kopf des Richteisens Fig. III, schlägt mit dem Hammer auf den Bohrer, und drehet ihn auf dem genannten Werkzeuge langsam um. Sein Augenmaß muß aber auch wissen, die Proportion zu erhalten. Die Windung auf der vordersten Spitze, wozu beim Schmieden ein zugespitzter Zapfen stehen

 bleibt,

bleibt, wird beinahe wie die Schraubengänge einer Holzschraube ausgefeilet. Diese, und auch die vorigen Bohrer erhalten auf dem Stiel einen Ring, worin ein hölzerner Griff befestiget wird. Man schmiedet ihn auf dem Sperrhorn rund, und schweißt ihn auf dem Stiel des Bohrers an. Es verstehet sich schon von selbst, daß die Schneckenbohrer gleichfalls auf die oben beschriebene Art gehärtet werden.

c) In verschiedenen Gegenden giebt es besondere Zirkelschmide; allein in Berlin werden die groben eisernen Zirkel für die Handwerker von dem Zeugschmid verfertiget. Jeder Schenkel eines Zirkels Fig. X. a b, a c wird aus Eisen zugespitzt geschmiedet, und die Spitze verstählet. An dem dicken Ende jedes Schenkels läßt der Zirkelschmid ein vorspringendes Stück stehen, und er erhält dies beim Schmieden sehr leicht durch einen Ansatz an der Ecke des Amboßes. Es ist bekannt, daß jeder Zirkel an dem dicken Ende ein Gewinde hat, das aus einem oder zwei Einschnitten a d bestehet, worin ein oder zwei schmale Stücke Eisen a e passen, und beides wird aus dem breiten Kopf der Schenkel gebildet. Die Einschnitte so wohl, als die Vertiefungen werden mit einem Meißel ausgehauen, und die Feile muß die Theile dieses Gewindes einrichten, daß sie in einander passen. Endlich wird durch das dickste Ende a ein Loch mit einem Dorn geschlagen, worin ein Niet befestiget wird, welches beide Schenkel vereinigt. Auf jeder Seite des Niets pflegen diese Zirkel einen halb-

halbrunden Knopf zu haben, der auch in a angedeutet ist, und dieser wird besonders geschmiedet, gesenkt, und bloß durch das Niet an dem Zirkel befestiget. Die Feile muß vor der Vereinigung jedem Schenkel die gehörige Gestalt geben, und ihn ebnen. Die so genannten Taster entstehen auf eben die Art, und die Spitzen ihrer Schenkel werden nur warm mit dem Hammer gekrümmt.

b) Nur noch einige Kleinigkeiten, deren Bearbeitung sogleich in die Augen fällt. Wenn der Hammer gewöhnlich geschmiedet ist, so wird auf die Bahn eine Stahlplatte gelegt, die man durch das Zusammenschweißen mit dem Eisen vereiniget. Beim Verstählen der Finne spaltet man diese mit einem Meißel von einander, steckt ein geschmiedetes Stück Stahl in den Einschnitt, und schweißt beide Metalle zusammen. Das Loch für den Stiel schlägt der Zeugschmid mit einem Durchschlag durch. Soll der Hammer künstlich ausgearbeitet werden, so bedient er sich hierbei des Meißels und der Feile. Jeder Schenkel einer Beißzange wird erst gerade ausgeschmiedet, und durch einen dreifachen Ansatz an der Amboßecke entstehet der Absatz unter dem Gewinde, und der doppelte Absatz unter den Kneipen. Der Hammer giebt beim Schmieden jedem Theil seine bestimmte Gestalt. Die Kneipen werden verstählt, mit der Feile geschärft, und auf dem runden Horn des Sperrhorns gekrümmt und gerichtet. Ein Dorn bohrt durch beide Schenkel unter den Kneipen ein Loch, wodurch man ein Niet rothwarm steckt, und jede Spitze mit dem Hammer zu einem starken Kopf bildet. Die Feile muß gleichfalls alles ausarbeiten. Das Stämmeisen schmiedet der Schlösser mit seiner Angel aus Schwedischem Eisen, zerschrotet die stumpfe Schärfe mit einem Meißel, steckt in den Einschnitt eine ausgeschmiedete stählerne Schärfe, und schweißt Stahl und Eisen zusammen. Es wird wie ein Bohrer gehärtet, hernach die Schärfe befeilt, und auf einem bekannten beweglichen Schleifstein geschliffen. Dem Meißel fehlt nur die Angel der Stämmeisen, worauf das hölzerne Heft aufgesteckt wird, und sie erhalten dagegen beim Schmieden einen starken eisernen Kopf. Uebrigens werden sie wie die Stämmeisen verfertiget. Zu einem Hobeleisen streckt der Zeugschmid erst ein länglich viereckiges, aber starkes Blech aus, legt gegen die Seite, wo über der Schneide keine schiefe Fläche ist, ein ausgeschmiedetes Stück Stahl, und vereiniget es mit dem Eisen durch das Zusammenschweißen. Auf der andern Seite des Hobeleisens wird schon, wie jederzeit, die Anlage der schiefen Fläche beim Schmieden gemacht, hernach bildet man sie aber mit der Feile aus, und schleift sie endlich auf dem Schleifstein. Die Hobeleisen zu den Kehl- und Gesimshobeln der Holzarbeiter werden erst wie die vorige Art bearbeitet. Auf dem geschmiedeten Eisen zeichnet der Zeugschmid mit Beihülfe eines hölzernen Modells, welches ihm der Holzarbeiter übergiebt, die Hohlkehlen und die übrigen Stäbe ab, und schneidet sie

sie mit der Feile aus. Eine Schärfe giebt man diesem letzten Eisen bloß mit der Feile, und der Zeugschmid überläßt es dem Holzarbeiter, sie mit den Handschleifsteinen völlig scharf zu machen. Die XI. Fig. wird einen hinlängligen Begriff von diesem letztern Hobeleisen geben. Aus diesen Beispielen wird man die Verfertigung der übrigen Werkzeuge leicht errathen, z. B. einen Schnitzer für die Tischler schmiedet der Zeugschmid erst mit seiner Angel aus Schwedischem Eisen, verstählt ihn, härtet ihn wie die Bohrer, und schleift ihn endlich. Dies letzte gilt auch von dem Stämmeisen und Hobeleisen. Ein Schneidemesser der Stellmacher erhält nur an jedem Ende eine Angel, die auf dem Sperrhorn rechtwinklig umgebogen wird, u. s. w.

B. Die Küchengeräthe, die der Zeugschmid zum Verkauf ausstellet, werden theils aus massivem Eisen geschmiedet, theils aus Blech zusammen gesetzt. Hierzu gehören, der Dreifuß, die Feuerzangen, Pfannen von aller Art, Kaffetrommeln, Feuerbecken, eiserne Leuchter, Kaffemühlen, u. s. w.

a) Aus massivem Eisen schmiedet er z. B. den Dreifuß, und er nimmt hierzu nur einländisches Eisen. Wie bekannt, bestehet dieser aus einem Kranz und drei Füßen. Der Kranz wird erst in gehöriger Größe zu einer geraden Stange ausgestreckt, und hernach auf dem runden Horn des Sperrhorns zu einem Kreise mit dem Hammer gekrümmt. Die abgeschärften Enden des Kranzes liegen über ein-

einander. Jeden Fuß schmiedet man besonders, und er erhält an einem Ende eine Spitze, das andre Ende wird aber an der Ecke des Ambosses etwas umgelegt, damit der fertige Dreifuß fest stehe. Gleichfalls auf der Ecke des Ambosses biegt der Zeugschmid die Spitze jedes Fußes rechtwinklig um. Die Stellen auf dem Kranze, wo die Füße sollen angeschweißt werden, schlägt man etwas mit der Finne des Hammers nieder, und es ist hierbei nur dieses zu bemerken, daß der eine Fuß auf die Zusammenfügung des Kranzes angeschweißt wird, wodurch die Enden des Kranzes gleichfalls vereiniget werden. Die Art, wie die Eisenarbeiter das Eisen zusammen schweißen, setzt man schon aus dem vorigen als bekannt voraus. Endlich läßt der Zeugschmid den Dreifuß rothwarm werden, ebnet und richtet ihn auf dem Horn eines Sperrhorns. Bei dieser Arbeit werden auch die drei Spitzen in der Oeffnung des Kranzes etwas niedergebogen, damit sie den bauchigen Kessel desto besser halten.

b) Eine **Kaffetrommel** hat zwei Theile, die Trommel selbst a b Fig. XII. und einen massiven Bock c d. Von dem letztern ist nichts weiter zu erinnern, als daß er mit den Handgriffen der Grobschmide verfertiget wird, und man wird daher nur bei der eigentlichen Trommel stehen bleiben. Das Seitenblech e f schneidet der Zeugschmid aus Blech zu, und krümmt es mit dem Hammer auf dem Feuerbeckenrichteisen Fig. V. An dem doppelten Umkreise e g, f h Fig. XII. richtet

tet er auswärts mit der Finne des Hammers eine kleine Falze oder Zarge auf, und nietet die über einander geschlagenen Enden des Seitenblechs mit eisernen Nägeln zusammen. In der Mitte hauet er mit dem Meißel ein vierkantiges Loch i k aus, das aber beim Gebrauch der Trommel mit einer Thür l m verschlossen wird. Die Thür kann daher auf der Trommel zwischen zwei Leisten hin und her geschoben werden. Der Zweck dieser Leisten i h, n k macht es nothwendig, sie von dem Körper nach der Thür zu etwas zu entfernen, damit sich die Thür zwischen ihnen verschieben lasse. Der Zeugschmid giebt ihnen daher in ihrer Mitte eine kleine Zarge nach der Länge des ganzen Blechs. Er bedient sich hierbei der Ecke des Ambosses und des Hammers. Die beiden Boden e g, h f werden durch eine Falze mit dem Seitenblech verknüpft. Es ist bereits gesagt, daß das Seitenblech an beiden Enden eine aufgerichtete Zarge erhält. Nach dem Umfange dieser Zarge mißt der Zeugschmid mit dem Zirkel zwei Boden ab, die etwas größer sind, als der gedachte Umfang, setzt das Seitenblech auf einen ausgeschnittenen Boden, schlägt mit der Finne des Hammers den vorstehenden Streif des Bodens um die Zarge des Seitenblechs, und treibt beide Theile mit dem Hammer fest an einander. Durch die Achse des ganzen Körpers geht eine eiserne Stange a b. Sie erhält beim Schmieden in b eine kleine Kurbel, in o einen Kopf, und in k ein vierkantiges Loch, worein ein Splint

gesteckt

gesteckt, und hierdurch die Stange n k in dem Körper befestiget wird. Der Festigkeit wegen legt man unter den Kopf o, und das Splint noch wohl eine kleine blecherne Scheibe.

c) An einer Kaffemühle sind zwei Stücke von Eisen. Der Ring Fig. XIV. berührt den hölzernen Kasten einer Mühle unmittelbar, und der Stein Fig. XV. läßt sich, wie bekannt, umdrehen. Der Ring Fig. XIV. wird aus einem platten geschmiedeten Blech auf dem Sperrhorn gekrümmt, und zusammen geschweißt. Seine innere Fläche glättet man mit dem Feilkolben Fig. IV. auf die Art, die bereits bei Beschreibung dieses Instruments entwickelt ist. Eine dreikantige Feile giebt diesem Ringe inwendig schief laufende Einschnitte oder Kerben. An beiden Enden des Ringes ist in der Mitte ein Steg befestiget. Den obern wird man in dem Durchschnittriß Fig. XIII. a b, den untern aber in c d bemerken. In der Mitte jedes Stegs ist ein Loch mit einem Dorn durchgeschlagen, und das Loch e hält die Angel e f des Steins, in dem Loche g aber läuft eben diese Angel. Der Steg a b, c d wird durch einen Zapfen an seinen Enden, und ein Zapfenloch auf dem Umfange des Ringes befestiget. Der Hammer treibt die Seiten des Zapfenlochs fest an die Zapfen an, und vereiniget hierdurch beide Theile. Man begreift also leicht, daß der doppelte Steg zugleich mit dem Stein Fig. XV. in dem Ringe befestiget werden muß. Der Stein Fig. XV. wird erst aus Eisen geschmiedet, und herhach befeilt. Die gewundenen Reifen oder Kerben werden mit einer dreikantigen Feile ausgeschnitten. Ein Paar Schrauben, die in die Löcher mit Schraubengängen in dem Ringe Fig. XIV. h passen, verknüpfen das Eisen mit dem hölzernen Kasten. Die Verfertigung der kleinen Kurbel p q Fig. XV. läßt sich leicht errathen.

b) Ein Feuerbecken auf Einem Fuß mag diesen Abschnitt beschließen. Das eigentliche Bekken a b Fig. XVI. wird bekannter Maßen aus Eisenblech verfertiget. Auf dem Bleche werden hin und wieder Löcher mit einem runden Durchschlag Fig. VI. ausgehauen, um den Zug der Luft zu befördern. Seine Krümmung erhält dies Blech, wie die Kaffetrommel, auf dem Feuerbeckenrichteisen Fig. V. und es wird auf eben die Art zusammen genietet, als die Trommel. Um den obern Umfang liegt ein eiserner Ring, der kleinere Ringe, um das Becken anzufassen, und drei Klappen an einem Gelenke hält. Der Boden c b springt insgemein etwas vor dem Körper a b vor. Daher kann er nicht mit dem Seitenblech a b unmittelbar durch eine Falze verknüpft werden, sondern der Zeugschmid schlägt drei Löcher durch den Boden, nietet auf der innern Fläche des Beckens a b drei Zapfen an, steckt diese durch die Löcher des Bodens, und giebt den Zapfen mit dem Hammer einen Kopf. Die drei Seiteneisen d e, f e, g e werden aus massivem Eisen geschmiedet und mit der Feile ausgearbeitet. Die Lappen d, f, g an jedem Ende dieser Eisen biegt der Zeugschmid zurück, und schweißt alle drei Eisen in e dergestalt zusammen, daß unter dem Hammer eine Scheibe entstehet. Durch den Mittelpunkt dieser Scheibe wird mit dem Dorn ein Loch gebohrt, dem das Schneideeisen Schraubengänge giebt, worin eine Schraube der Stange e h geschroben wird. Jedes Seiteneisen hängt mit dem Körper a b durch ein Quereisen zusammen, das durch ein Niet an jedem Ende in dem Becken a b und dem Seiteneisen befestiget ist. Der Rost wird, wie der Dreifuß, gewöhnlich geschmiedet, und etwas unter der Mitte des Beckens a b durch Zapfen angenietet. So wohl die dünnen Theile der Stange e h, als ihre Knöpfe k werden in einem Gesenk gebildet. 5te Samml. S. 210. Statt der letztern treibt man auch zuweilen messingene Knöpfe auf die Stange. Dieser giebt der Professionist an beiden Enden e, h eine Schraube mit dem Schneideeisen. Es ist bereits gesagt, daß sie in die Scheibe e unter dem Seiteneisen eingeschroben wird, und auf eben die Art wird sie auch mit den Füßen h l, h m, h n verknüpft. Jeden Fuß schmiedet man besonders, und wenn sie Knöpfe haben, so werden diese in einem Gesenke zur Vollkommenheit gebracht. Der Zeugschmid muß sie, wie die Seiteneisen, beim Zusammenschweißen dergestalt unter dem Hammer regieren, daß in h eine gemeinschaftliche Scheibe entsteht, worin mit einem Schneideeisen eine Schraubenmutter eingeschnitten wird, um die Stange e h mit dem Fuße zu verbinden.

V. Es

V. Es ist beinahe überflüssig, bei jedem Handwerke zu wiederholen, daß die Lehrbursche drei bis vier Jahre lernen, wenn sie im Stande sind, ein Lehrgeld zu erlegen, ohne das aber fünf Jahre. Wenigstens trifft es bei den mehresten Handwerkern zu, wovon der Zeugschmid sogleich ein Beispiel ist. Eben so allgemein ist es auch, daß die Gesellen drei Jahre wandern müssen, zumal da dieser Gebrauch neulich von Seiten des Staats ist bestätiget worden. Dies einzige findet man wenigstens nicht bei allen Professionisten, daß die Gesellen der Zeugschmide ein freiwilliges Geschenk von ihren Mitgesellen erhalten. Ein Geselle, der unter die übrigen ansessigen Zeugschmide will aufgenommen werden, muß einen Pumpenbohrer, eine Klobensäge (eine große Handsäge der Tischler), und einen Trepan zum Beweise seiner Geschicklichkeit verfertigen.

Sechs=

Sechster Abschnitt.

Der Feilenhauer.

I. Inhalt. Ungeachtet die Handgriffe der Feilenhauer sehr einfach sind, so findet man diesen Professionisten doch nur selten in den kleinen Städten Deutschlands. Die Ursache läßt sich leicht errathen, wenn man weiß, daß in unserm Vaterlande größten Theils Englische Feilen gekauft werden. Die hiesigen Feilenhauer müssen daher meistens von dem Aufhauen alter Feilen leben. Doch haben sich neulich die hiesigen Feilenhauer den Befehl ausgewirkt, daß nur feine Englische Feilen dürfen verkauft werden. Sie verfertigen bloß Feilen und Raspeln von aller Art. Die erstern schmieden sie aus Stahl, die letztern aber auch aus Eisen, mit eben den Handgriffen, die bereits in den kurz vorhergehenden Abschnitten sind erzählet worden. Jede Fläche der Feile erhält aus freier Hand zwei Hiebe, die sich durchkreuzen; die Raspel bekommt aber nur einen Hieb. Die Feile so wohl, als die Raspel wird zuletzt aufs beste gehärtet.

II. Außer einigen Kleinigkeiten zum Härten, und den Schmiedekoh'en in der Esse, erstehen sie weiter keine Materialien, als Schwedisches Eisen und Stahl. In Absicht des letztern folgen sie

sie der Gewohnheit aller hiesigen Eisenarbeiter, daß sie bloß den Kölnischen Stahl verarbeiten. Denn der Englische ist zu kostbar, und der Steiermärksche nimmt nicht in allen Stellen eine gleiche Härte an. In andern Gegenden schmieden sie auch die Feilen mit Vortheil aus dem Solinger Stahl.

III. Die Handwerkszeuge der Feilenhauer sind auch größten Theils schon in den vorhergehenden Abschnitten bemerkt worden.

A. Ihre Schmiedeesse darf, wie leicht zu erachten, nur klein seyn, so wie auch die bekannten Werkzeuge zum Wärmen, Schweißen und Schmieden des Stahls und Eisens. 5 Samml. S. 223. Es ist nicht nöthig von diesen Stükken weiter etwas zn sagen, den

B. Schmiedeamboß ausgenommen. Dieser ist zwar an und für sich einem kleinen Schmiedeambosse der Grobschmide gleich. Da aber die Feilenhauer die geschmiedeten neuen, so wie auch die alten Feilen und Raspeln rothwarm abraspeln, so muß man auf dem Amboß noch einige kleine Stücke anbringen können, die die Feilen beim Abraspeln fest halten. Es steckt nämlich in einem Loch auf der Bahn des Amboßes ein starker vierkantiger Zapfen Tab. V. Fig. I. a, und gegen über wird auf der Seite des Ambosses ein eiserner Arm b c d eingesetzt, der sich nach der Länge der Feile, die man abraspeln will, ausziehen, und wieder mit einem Keil in c befestigen läßt. Zwischen diesen beiden Stücken liegt eine eiserne Stange e f, worauf die Feile beim Abraspeln ruhet, damit nicht auf dem Amboß eine Stelle, durch den Widerstand beim Abraspeln, ausgehöhlet werde. Wenn auf dem Amboß soll geschmiedet werden, so kehrt man ihn um, und gebraucht die entgegen gesetzte Seite.

C. Neben dem Amboß stehen einige Gesenke, Fig. II. worin die dreikantigen, halbrunden und ovalen Feilen geebnet werden. Jedes Gesenk besteht aus einem viereckigen Stück Eisen, das etwa $1\frac{1}{2}$ Fuß lang und 2 bis 3 Zoll breit und dick ist. Eine Angel befestigt es in einem Amboßstock. Auf der Bahn jedes Gesenks sind Einschnitte von aller Größe, nach der Figur der gedachten Feilen, gemacht, worin diese ihre Gestalt erhalten.

D. Es ist bereits gesagt, daß die Feilen warm auf dem Amboß gefeilet werden, und dies geschieht mit einer Abfeilraspel Fig III. die einen hölzernen Handgriff an jedem Ende hat. Nachdem die Feile einen feinen oder groben Hieb erhalten soll, ebnet man sie mit einer feinen oder groben Raspel dieser Art.

E. Die Hiebe giebt der Professionist der Feile und Raspel mit einem Meißel. Die ebenen Flächen der Feilen werden mit einem Meißel gehauen, dessen Schneide gerade läuft Fig. IV. und breiter ist, als der obere Griff. Bei runden Flächen bedient sich der Feilenhauer zuweilen eines Meißels, dessen Schneide wie ein halber

Mond

Mond zurück gezogen ist. Fig. V. Nach der Stärke des Hiebes einer Feile wählt er in beiden Fällen einen kleinen oder großen Meißel. Dies letztere gilt auch von den Meißeln, womit die Raspeln gehauen werden. Die Raspel wird aber nicht nach Linien, sondern nach Punkten gehauen, und daher ist der Raspelmeißel bloß ein viereckiger Stift mit einer dreikantigen Spitze. Fig. VI. Alle diese Meißel verfertigt sich der Feilenhauer selbst aus dem besten Stahl; und es ist ein sicheres Zeichen von der Güte des Stahls, wenn daraus ein dauerhafter Meißel kann geschmiedet werden. Man schärft sie zum öftern mit einem kleinen

F. Schleifstein Fig. VII, der auf einem Gestelle wie ein Spinnrad in Bewegung gesetzt wird.

G. Beim Hauen liegt die Feile auf der ebnen Bahn eines Hauamboßes Fig. VIII. der länglich viereckig, und etwa 10 Zoll lang, und halb so breit und hoch ist. Wenigstens eben so tief reicht er in den Amboßstock hinein, damit er sicher liege. Gegen die Seite, wo der Arbeiter sitzt, ist er etwas geneigt.

H. Dreikantige, runde, und halbrunde Feilen ruhen beim Hauen in dem Einschnitt eines Haueisens Fig. IX. damit sie fest liegen. Es ist ein Stück Eisen, dessen Einschnitt nach der Größe und Gestalt der Feile ausgehöhlt ist, die es halten soll. Allein das Eisen würde die Hiebe niederdrücken, und daher liegt eine Fläche, der

 man

man schon den zweiten Hieb gegeben, auf einem Stücke Zinn, das im erforderlichen Fall eben solche Einschnitte hat, als das Haueisen. Bei den Raspeln würde selbst das Zinn schon den ausgetriebenen Grath beschädigen, und daher liegen ihre Flächen, die bereits behauen sind, auf einem Stücke Blei.

J. Die Meißel werden mit einem Handhammer Fig. X. von verschiedener Größe getrieben. In der Werkstätte, wo man diese Nachrichten gesammelt hat, wog der größte 14, der kleinste $\frac{1}{4}$ Pfund. Sie haben nur eine einzige Bahn, und der Hammer so wohl, als der Stiel ist etwas gekrümmt. Die Folge wird lehren, daß man beim Hauen den Meißel etwas gegen die Spitze der Feile neigen muß. Einen geraden Hammer würde der Feilenhauer bei dieser Stellung des Meißels, zu seiner größten Beschwerde, sehr hoch heben müssen, einen gekrümmten kann er aber gewöhnlich führen, und er trifft doch den Meißel sicher.

K. Die Feile selbst ruht beim Hauen auf dem Hauamboß, die Angel wird aber in den Feilenhalter Fig. XI, ein rundes hölzernes und ausgehöhltes Heft, gesteckt, das auf dem Knie des Arbeiters liegt. An beiden Enden umgiebt ihn ein eiserner Ring.

L. Neben der Schmiedeesse steht die Härttonne mit Wasser, worin der Feilenhauer die gehärteten Feilen löschet.

M. In

M. In einem kleinen hölzernen Mörser Fig. XII. zerstößt der Feilenhauer mit einer eisernen Keule Fig. XIII. Glas und gebranntes Horn, womit er die Feilen härtet.

IV. Gewöhnlich verfertigt der Feilenhauer weiter keine Waaren, als Feilen und Raspeln.

A. Die Handgriffe bei Verfertigung der Feilen bleiben sich bei allen Arten im Grunde betrachtet gleich. Es ist daher hinreichend, wenn eine Beschreibung von den verschiedenen Abänderungen der Feilen voraus geschickt, und hernach die Verfertigung einer einzigen Feile erzählet wird.

a) Die Feilen lassen sich auf eine doppelte Art eintheilen, nach dem Hiebe, und nach der Gestalt.

A. Unter dem Hiebe gedenkt sich der Feilenhauer die Einschnitte, die er dem Stahl mit dem Meißel giebt. Er sagt daher, die Feile habe einen groben Hieb, wenn die Einschnitte weit von einander abstehen, dem Metall tief eingeprägt, und also auch mit einem groben Meißel gehauen sind. Das Gegentheil läßt sich hieraus leicht abnehmen. Den gröbsten Hieb erhält die viereckige Armfeile, und auf diese folgen mit stufenweise abnehmenden Hieben, die Handfeile, die Vorfeile, und endlich die Schlichtfeile, die unter allen den feinsten Hieb hat. Es will dies so viel sagen, daß z. B. eine Armfeile einen weit stärkern Hieb hat, als eine Handfeile von eben der Größe; und eben dies gilt auch in gleichem

Verhältnisse von den übrigen Feilen. Dieser Abstand läßt sich aber freilich nur durch den Augenschein unterscheiden. Doch sind hierbei zur Verständlichkeit noch einige Anmerkungen nöthig. Erstlich nimmt freilich bei jeder Art der Feilen der Hieb schon mit der Größe und Schwere ab. Zweitens kann es sich fügen, daß ein Professionist von dem Feilenhauer zu einer einzelnen Arbeit z. B. eine Handfeile verlangt, die einen so starken Hieb hat, als eine Armfeile von eben der Größe und Schwere, oder einen so feinen, als die Vorfeile unter eben der Bedingung. Drittens kommt bei allen Arten des Hiebes gar nicht die Gestalt in Betrachtung, die einzige Armfeile ausgenommen, die stets viereckig ist. Die übrigen können jede Figur erhalten. Viertens giebt es einige Feilen, die zwar nach diesen Hieben gehauen sind, aber doch einen besondern Namen erhalten, der in dieser Abtheilung gegründet ist. Hierzu gehören vorzüglich die Justirfeilen, und die schattierten Feilen. Die ersten sind 1½ Pfund schwere Handfeilen, die in der Münze zum Bestoßen des Randes, und auch von den Silberabeitern gebraucht werden. Bei den schattierten Feilen wird der Meißel bei einem Hiebe gegen die Spitze, bei dem andern gegen die Angel geneigt, und wenn der Meister seine Kunst zeigen will, so legt er die Hiebe dergestalt, daß auf der Feile dreieckige, oder auch viereckigte Figuren entstehen. Die Goldschmide und andre Metallarbeiter, die weiches Metall bear-

bearbeiten, kaufen diese Feilen, um vorwärts und rückwärts zu feilen. Sie werden aber nur selten verfertigt, weil jede Feile bei weichen Metallen beinahe eben die Dienste thut. Uebrigens können sie nach allen vorgedachten Hieben gehauen werden.

B. Noch mannigfaltiger ist die Abänderung der Feilen nach ihrer Gestalt.

a) Die Armfeilen sind viereckig, oder alle Seiten sind einander gleich, und sie laufen vorne etwas spitziger zusammen Die größten wiegen 24 Pfund, und die übrigen nehmen stets um 1 Loth ab, daß endlich die kleinste 1 Loth wiegt.

b) Die flachen Feilen fallen auf eben die Art von 16 Pfund bis auf 1 Loth ab, und die mehresten Hand- Vor- und Schlichtfeilen erhalten diese Gestalt.

c) Die dreieckigen Feilen steigen aber nur auf gleiche Art von 5 Pfund bis zu 1 Loth hinab.

d) Die halbrunden Feilen werden gleichfalls stets um 1 Loth von 10 Pfund bis auf 1 Loth kleiner, so wie auch

e) Die runden und die Vogelzungen, oder die ovalen Feilen. Zu den letztern gehören auch die Riffelfeilen, Fig. XIV. womit die Metallarbeiter die vertieften Flächen einer erhabnen Arbeit, oder auch die Hohlkehlen ausfeilen. Gewöhnlich bestehen sie aus zwei kurzen Feilen, die entweder gerade aus oder gebogen sind, und in der Mitte durch einen dünnen runden Griff von Stahl zusammen hangen. Die Goldschmide und Messingarbeiter übergeben insgemein dem Feilenhauer ein hölzernes Modell, das in die Fläche paßt, die sie ebnen wollen, und nach diesem muß ihnen der Feilenhauer eine Riffelfeile verfertigen.

f) Endlich geben auch die Feilenhauer den innern Flächen der Kneipen einer Zange, womit die Silberarbeiter Draht ziehen, starke Feilenhiebe, wie denn auch wohl bei einzelnen Vorfällen andre Eisen mit Feilenhieben bedeckt werden.

b) Dies voraus gesetzt soll nun die Verfertigung einer Feile erzählt werden.

A. Ueberhaupt beobachtet der Feilenhauer beim Schweißen und Schmieden einer Feile eben das, was bereits in der 5 Samml. 223 S. bemerkt ist. Vorzüglich muß er aber darauf Acht haben, ob sein Stahl eine starke oder schwache Hitze verlangt, denn die mehresten Feilen werden ganz aus Stahl geschmiedet. Es ist eine Bemerkung, die durch die Erfahrung bewährt ist, daß die Feilen weit dauerhafter sind, wenn sie aus mehreren Stücken znsammen geschweißt werden; als wenn man sie aus einem Stücke schmiedet. Eben so vortheilhaft ist es auch, wenn der Feilenhauer das Stück Stahl, woraus er eine Feile schmieden will, einige Mal umschlägt, und wieder zusammen schweißt. Aus dieser Ursache schmiedet er die starken Armfeilen aus neun Stükken

ken, die in drei Schichten nach der Länge über einander liegen, zusammen, und in diesem einzigen Fall ist das mittelste Stück in der mittelsten Lage von Eisen. Nur kleine Feilen werden aus einem Stücke geschmiedet, und man nimmt hierzu bloß Stahl. Die viereckigen, flachen und runden Feilen erhalten unter dem Hammer ihre völlige Gestalt, aber die dreikantigen, halbrunden und ovalen werden noch weißglühend in den Einschnitten eines Gesenks geebnet. Die dreieckigen und halbrunden füllen den Einschnitt des Gesenks Fig. II, worein sie passen, völlig aus. Da aber der Einschnitt nicht so lang ist, als die ganze Feile, so zieht der Feilenhauer die Feile beständig nach sich, und schlägt zugleich mit dem Hammer auf die sichtbare Seite der Feile. Die Spitze ebnet er in einem kleinern Einschnitt des Gesenks, und bei dreieckigen Feilen wiederholt er dies auf allen Seiten. Ovale Feilen füllen ihren Einschnitt nur halb aus, und werden auf die vorige Art auf beiden Seiten geebnet. Die geschmiedete Feile darf nun nur noch bei der Esse rothwarm abgefeilet, und hernach geglühet werden. Bei dem Abfeilen läßt man die Feile rothwarm werden, und befestigt sie auf die oben beschriebene Art S. 161. auf dem Amboß Fig. I. Soll der Hieb der Feile grob werden, so nimmt man hierzu auch nur eine grobe Abfeilraspel Fig. III; allein bei einem feinen Hiebe muß die Raspel nicht nur fein seyn, sondern der Feilenhauer schafft auch mit Sorgfalt alles Unebene weg. Der Professionist ergreift beim Abfeilen die Raspel mit beiden Händen, und ebnet eine Seite nach der andern. Ueberhaupt ist zu bemerken, daß Geschwindigkeit und Fertigkeit das erste Gesetz der Feilenhauer ist, und daher wird auch in diesem Fall die Feile rothwarm abgefeilet. Das Glühen soll die Feile erweichen, damit sie den Einschnitten des Meißels nachgebe. Sie wird am weichsten, wenn man sie mit Lehm überzieht, in die Kohlen der Esse legt, und das Gebläse so lange gehen läßt, bis die Feile weißwarm ist. Alsdenn werden die Kohlen, die auf der Feile liegen, weggeräumet, und die Feile muß in den übrigen Kohlen erkalten. Man läßt sie in diesem Zustande eine ganze Nacht über liegen. In Eile, wenn die Feile bald fertig werden soll, legt man sie ohne Lehm in die Kohlen, läßt sie braunwarm werden, d. i. die Glut muß kaum zu sehen seyn, nimmt alsdenn die obern Kohlen gleichfalls ab, und läßt sie kalt werden. Die Feile erweicht aber nicht so gut, als bei der vorigen Art zu glühen.

B. Alles dies hat der Feilenhauer größten Theils mit den übrigen Metallarbeitern gemein; allein er unterscheidet sich völlig von ihnen durch das Hauen der Feilen. In diesem einzigen Fall ist es nöthig, die eckigen und runden Feilen von einander abzusondern.

a) Die eckige Feile mag groß oder klein seyn, so wird jede Fläche besonders mit einem Meißel behauen, der sich für die Art ihres Hiebes schickt, und dessen Schneide etwas breiter ist, als

als jeder Hieb der Feile. Man siehet leicht, daß dies so viel sagen will: Je breiter die Fläche der Feile ist, desto breiter muß auch der Meißel seyn, und z. B. der Grath des Meißels zu einer Schlichtfeile mug weit feiner seyn, als zu einer Vor- oder wohl gar zu einer Armfeile. Die Feilen werden nach dem Ausglühen nicht wieder befeilt, oder nach der Sprache der Werkstätte, sie werden auf dem Zunder gehauen. Jede Fläche der Feile bekommt einen doppelten Hieb, einen Grundhieb und einen Kreuzhieb. In beiden Fällen liegt die Feile selbst auf dem Hauamboß Fig. VIII. und die Angel steckt in dem Feilenhalter Fig. XI. der auf dem Knie des Arbeiters ruht. Um den Feilenhalter legt der Arbeiter einen Riemen, den er mit dem Fuß spannet, und so hält er die Feile auf eben die Art fest, wie der Schuster einen Schuh. Man kann hieraus leicht erachten, daß der Feilenhauer vor dem Hauamboß sitzt, und daß dieser mit seinem Knie ziemlich eine gleiche Höhe haben muß. Bei dem Grundhiebe liegen die viereckigen und flachen Feilen bloß auf dem Amboß, und man streuet nur auf die Bahn etwas Sand, damit sie nicht abgleiten. Hingegen würden dreieckige, halbrunde, und runde Feilen nicht sicher ruhen, wenn man sie nicht in den Einschnitt eines Haueisens F. IX. legte, worein sie passen. Mit der Fläche der Feile, die oben liegt, macht der Feilenhauer natürlicher Weise den Anfang. Er fängt an dem breiten Ende der Feile, über der Angel, an zu hauen, und schreitet mit den Hieben nach der Spitze fort. Der Augengenschein lehrt bei jeder Feile, daß die Hiebe auf den Flächen schief liegen; und wer erwägt, daß beim Abfeilen die Spitze zuerst, und nach und nach das breite Ende der Feile das Metall, so man abfeilen will, berührt, der sieht leicht ein, daß der Grath, den der Einschnitt des Meißels aufwirft, gegen die Spitze der Feile gekehrt seyn muß. Es ist daher nichts begreiflicher, als daß der Feilenhauer den Meißel gegen die Spitze etwas neigen muß. Der Meißel macht bei jedem Hiebe mit dem Vordertheil der Feile etwa einen Winkel von 80 Grad. Neigte man den Meißel zu stark, so würde der Grath zu fein werden, und sich bald abnutzen. Ein gekrümmter Hauhammer Fig. X. treibt bei jedem Hiebe den Meißel Fig. IV. und bei einem feinen Hiebe der Feile darf der Arbeiter nur Ein Mal zuschlagen, bei einem groben aber zwei, höchstens drei Mal. In eben dem Augenblick, da der Meißel, vereinigt mit dem Schlag des Hammers, einen Hieb oder einen Einschnitt macht, setzt der Feilenhauer den Meißel auf eine andre Stelle, schlägt auf eben die Art einen neuen Hieb, parallel mit dem vorigen, und fährt hiermit bis zu der Spitze fort. Aus dem Vorigen erhellet schon, daß die Hiebe desto dichter neben einander liegen, je feiner die Feile seyn soll, und der Feilenhauer folgt hierbei bloß dem Augenmaße, oder vielmehr seiner geübten Hand, die schon die neue Stelle gehörig zu finden weiß. Denn diese Arbeit wird mit solcher Geschwindigkeit verrichtet, daß das Auge kaum

kaum Zeit hat, den Abstand zweier Hiebe zu bemerken. Man wird dies leicht zugeben, wenn man weiß, daß eine Fläche einer Schlichtfeile mit einigen hundert Hieben bedeckt ist. Mit eben den Handgriffen giebt der Feilenhauer den übrigen Flächen einer Feile den Grundhieb. Haben alle Seiten ihren Grundhieb erhalten, so eilet man zum Kreuzhiebe. Jeder Kreuzhieb liegt gleichfalls auf seiner Fläche schief, wie der Augenschein lehret, und durchkreuzt einige Grundhiebe. Ehe aber die Feile den Kreuzhieb erhält, wird sie abgefeilet, oder abgezogen. Man spannt sie in einen Schraubstock, ergreift eine Vorfeile, die nach dem Hiebe der Feile, die man behauet, grob oder fein seyn muß, mit beiden Händen, und schafft hiermit die Schärfe des Grundhiebes weg. Die Ursache, weshalb die Feilen nach dem Grundhiebe abgezogen werden, ist doppelt. Theils damit der aufgeworfene Grath des Grundhiebes, der freilich nicht in allen Punkten gleich hoch seyn kann, den Meißel beim Kreuzhiebe nicht hindre, gleichmäßig einzudringen; theils aber auch, damit die Hand des Feilenhauers beim zweiten Hiebe nicht gehindert, oder wohl gar beschädigt werde. Aus der letzten Ursache wird auch die Feile nach dem Abziehen mit Talg beschmieret. Doch hat dies auch noch einen andern Zweck. Die Feilenhauer haben bemerkt, daß sich der Grath des Kreuzhiebes nicht gut hebt, wenn die Einschnitte des Grundhiebes, die der Kreuzhieb durchschneidet, nicht mit Talg ausgefülgefüllet sind. Der Kreuzhieb wird eben so gehauen, als der Grundhieb, außer daß bei dem ersten die Hiebe etwas dichter neben einander gestellet werden, als bei dem letzten. So bald eine Fläche seine Kreuzhiebe erhalten hat, und die Umstände erfordern es, daß sie den Amboß berühren muß, so legt man auf den Amboß ein Stück Zinn, damit die Hiebe nicht beschädigt werden. Bei viereckigen Feilen ist es platt, bei dreieckigen und runden hat es einen Einschnitt, wie das Haueisen Fig. IX. Der Kreuzhieb der Feile wird nicht abgezogen, weil die gedachten Ursachen wegfallen.

b) Die runde Seite einer halbrunden Feile nebst den runden und ovalen Feilen (Vogelzungen) werden zwar, im Grunde betrachtet, eben so gehauen, als die vorigen, aber doch mit einiger Abweichung. Schon bei der Beschreibung der Werkzeuge ist bemerkt worden, daß man bei diesen Feilen einen Meißel wählen kann, dessen Schärfe wie ein halber Mond ansgeschnitten ist. Fig. V. Mit diesem Meißel wird beides, der Grund- und der Kreuzhieb gehauen, und es findet hierbei weiter kein Unterschied Statt, als daß ein Hieb des Meißels nicht über die ganze Fläche geht, sondern daß ein Streif neben dem andern nach der Länge behauen wird. Der Feilenhauer muß aber den Meißel dergestalt führen, daß zwischen den Streifen kein Hügel entsteht. Allein man hat aus einer langen Erfahrung gefunden, daß die runden Feilen weit besser schneiden, und einen

gleich-

gleichmäßigern Hieb erhalten, wenn sie gleichfalls mit einem kleinen Meißel der vorigen Art Fig. IV. gehauen werden, ungeachtet freilich eine Feile weit schneller mit einem ausgeschnittenen Meißel kann verfertigt werden. Der Grund- und Kreuzhieb bildet abermals Streifen nach der Länge, und der Arbeiter muß alle Sorgfalt anwenden, daß hierdurch der runden Gestalt der Feile nichts abgeht. Dies geschieht, wenn er nur einen kleinen Breitmeißel wählt, daß also nur lauter schmale Streifen entstehen, und wenn er den Meißel jederzeit dergestalt dicht an den schon behauenen Streif setzt, daß die Hügel wieder niedergedrückt werden.

C. Das Wichtigste bei dieser Profession ist aber wohl das Härten, oder daß der Feilenhauer die Kunst verstehen muß, der Feile nach dem Hauen eine durchgängig gleiche Härte zu geben. Sie pflegen daher auch sehr geheimnißvoll hiermit zu seyn. Es kann auf eine doppelte Art geschehen.

a) Man läßt Ochsenklauen so lange in einem Bäckerofen brennen, bis sie völlig braun sind, uud zerstößt sie alsdenn in einer kleinen Stampfe Fig. XII XIII. Unter zwei Theile dieses Pulvers wird ein Theil gewöhnliches Küchensalz, und nach Gutdünken etwas zerstoßenes Glas gemischt. Dies Pulver stellt man in einem Gefäß auf die Schmiedeesse, spannet eine oder auch mehrere Feilen in eine Schmiedezange, und läßt sie in der Esse braunwarm werden, daß man kaum die

Glut bemerkt. Alsdenn bestreuen die Feilenhauer die Feile auf allen Seiten mit dem gedachten Pulver, so lange, als die erhitzte Feile noch das Pulver anzündet, und noch Funken abspringen. Alsdenn halten sie die Feile über die glühenden Kohlen der Esse, daß das Pulver völlig zu brennen anfängt, streuen noch einige Mal Pulver auf, so lange noch ein Brand erfolget, und brennen es gleichfalls über den Kohlen ab. Will die Feile nicht mehr das Pulver anzünden, so steckt man sie, wo möglich, in recht kaltes Wasser. Der Feilenhauer fährt zuerst mit der Spitze der Feile langsam ins Wasser, taucht sie eben so langsam nach und nach ein, und läßt sie endlich völlig ins Wasser fallen. Wenn sie hierin einige Augenblicke gelegen hat, so nimmt er sie wieder heraus, nnd wenn das Pulver die Feile an allen Stellen wie eine Rinde umgiebt, so ist dies ein Zeichen, daß die Feile gut gehärtet ist. Ist hingegen in dem Wasser hin und wieder etwas von dem Pulver abgesprungen, so hat die Feile noch weiche Stellen, und muß von neuen gehärtet werden. So bald sie aus dem Wasser kommt, bürstet man sie mit einer scharfen Bürste ab, und nimmt hierdurch die Rinde weg, setzt sie einige Augenblicke gegen das Feuer der Esse, damit sie trockne, und reibt sie endlich mit einem leinenen Tuche sorgfältig ab, damit keine Nässe zurück bleibe und Rost verursache. Aller dieser Sorgfalt ungeachtet wird die Feile doch rostig, wenn man sie nicht nach dem Härten mit Baumöhl bestreichet.

Diese

Diese Art zu härten giebt der Feile nicht nur Dichtigkeit, sondern sie nimmt auch den Zunder oder die Schwärze ab; und je sorgfältiger der Feilenhauer alle diese Handgriffe beobachtet, desto härter wird die Feile.

b) Noch eine bessere Härte sollen die Feilen auf folgende Art erhalten: Man mischt zu dem nur gedachten Pulver noch zerstoßene Eierschalen, und feuchtet es mit Häringslake an, schüttet diese Mischung in einen Kasten von Eisenblech, steckt die Feilen in das Pulver, verschließt den Kasten mit einem Deckel, und verklebt ihn mit Lehm. Der Kasten wird so lange in das Feuer der Esse gesetzt, bis die Feilen vermuthlich rothwarm sind. Zuletzt steckt man den Kasten mit den Feilen langsam in kaltes Wasser, die Feilen werden heraus genommen, und anf die beschriebene Art gereinigt. Kunstverständige wollen versichern, daß recht kaltes Quellwasser eben die Dienste thun würde, und ähnliche Fälle machen es wahrscheinlich.

Der Spitzring, womit die Nadler die Nadeln spitzen (2te Sammlung Seite 267), erhält auf seiner Stirn Feilenhiebe, und es sind hierbei nur noch die Handgriffe zu erzählen, wie der Professionist den Ring beim Hauen fest hält. Die Scheibe selbst wird aus massivem Eisen geschmiedet, und in der Mitte ein vierkantiges Loch mit einem Meißel erwärmt ausgehauen. Denn ein solcher Ring hat völlig die Gestalt eines kleinen Schleifsteins. Die Stirn ist etwa um zwei Finger dick verstählt. Der Feilenhauer schmie-

 det

det ein Stück Stahl nach der gedachten Dicke aus, daß es so lang wird, als der Umfang der Scheibe, und streckt es so breit aus, als der Ring dick ist. Diesen Streif von Stahl schlägt er erwärmt um die Stirn der Scheibe, und schweißt beide Metalle zusammen. Der Zirkel muß aber den Umfang gehörig bestimmen, und alles Ueberflüssige und Unebene abnehmen. Beim Hauen der Feilhiebe wird ein Holz durch das Loch des Ringes gesteckt, und das eine Ende auf den Hauamboß, das andre aber auf das Knie des Arbeiters gelegt. An jeder Seite des Holzes schlägt der Feilenhauer einen Nagel in den Amboßstock, und schlingt um das Holz und um die beiden Nägel einen langen Riemen, den er mit seinem Fuße fest hält. Wenn eine Stelle der Stirn behauen ist, so läßt er den Riemen etwas nach, und alsdenn kann er den Spitzring weiter umdrehen. Zuletzt wird er gleichfalls gehärtet.

B. Das Hauen der Raspeln läßt sich um so viel kürzer beschreiben, da das mehreste schon bei den Feilen gesagt ist.

a) Nach dem Hiebe theilen die Feilenhauer die Raspeln nicht ein, sondern sie sagen nur, die Raspel hat einen feinen oder groben Hieb. Allein man kann sie nach dem Metall absondern woraus sie geschmiedet werden. Raspeln, womit man Knochen und Steine ebnet, werden aus Stahl geschmiedet. Hierzu gehören auch die Riffelraspeln, die in ziemlicher Anzahl bei Verfertigung

tigung einer steinernen Statüe zum Glätten gebraucht werden. Der Künstler übergiebt dem Feilenhauer gleichfalls ein hölzernes Modell, das nach der Fläche abgemessen ist, die mit der Riffelraspel soll geglättet werden. Man siehet leicht, daß sich die verschiedene Gestalt dieser Raspeln nicht erzählen läßt. Im Gegentheil werden Raspeln, womit Holz und andre weiche Materien sollen geglättet werden, nur aus Eisen geschmiedet, z. B. die Bestoßraspeln, zum Beschlagen eines Pferdes, und die Schusterraspeln. Bei den letztern ist insgemein eine Hälfte flach, und die andre entweder halbrund, oder oval. Diesen und auch andern Raspeln pflegt man verschiedene Hiebe zu geben, daß nämlich eine Hälfte jeder Fläche einen feinen, die andre aber einen gröbern Hieb erhält. Die Hiebe sind in diesem Fall jederzeit gegen das Ende ihrer Seite gekehrt. Man kann also mit einer und eben derselben Raspel fein und grob glätten.

b) Geschmiedet wird die Raspel gerade so, wie die Feile, und hernach ebnet man sie auch, wie eine Feile, mit der Abfeilraspel Fig. III. und glühet sie. Allein der Hieb wird nicht auf dem Zunder gehauen, sondern man spannt die Raspel vor dem Hauen in einen Schraubstock, und zieht alle Flächen aufs beste mit der Feile ab. Die Raspel erhält nur einen Hieb, und daher läßt sich das Abfeilen nach dem Hauen nicht anbringen. Bei dem Hauen selbst werden die Raspeln eben so, wie die Feilen, auf dem Hauamboß fest gehalten, und man fängt auch von hinten an. Der Meißel wird aber stärker geneigt, und seine dreikantige Spitze Fig. VI. treibt lauter körperliche Punkte aus, die gleichfalls nach schiefen Linien parallel neben einander gestellet werden. Der Professionist stellt sie nach dem Augenmaß dicht neben einander, oder weit von einander, nachdem die Feile einen groben oder feinen Hieb erhält. Der Hammer treibt gleichfalls den Meißel, und bei jedem Loche giebt man ihm insgemein zwei Schläge. Das Härten der stählernen Raspeln weicht in keiner Absicht von dem Härten der Feilen ab; allein die eisernen Raspeln pflegt man etwas stärker zu härten, oder das gedachte Pulver beim Härten etwas reichlicher aufzustreuen. Große Feilen und Raspeln werden pfundweise, kleine aber dutzend- oder auch stückweise verkauft.

Zwei Anmerkungen mögen diesen Abschnitt beschließen. 1) Alte Feilen und Raspeln werden auf eben die Art wieder aufgehauen, wie die neuen. Man nimmt nur den alten Hieb mit der Abfeilraspel Fig. III. rothwarm ab, hauet und härtet sie hernach wie die neuen.

2) Es ist bekannt, daß man den Englischen Feilen einen großen Vorzug einräumet. Es fragt sich daher: Was ist die Ursache dieser vorzüglichen Güte? Die wichtigste ist wohl diese, daß ein Englischer Feilenhauer nur eine Art Feilen verfertigt, worin er es leicht zur Vollkommenheit brin-

bringen kann. Es ist aber auch nicht zu läugnen, daß der Englische Stahl weit besser ist, als der Deutsche, und daß die Engländer die Kunst verstehen, ihn besser zu härten, als die Deutschen. Man läßt es aber dahin gestellet seyn, ob die erstern, wie einige behaupten wollen, die Feilen bloß aus Eisen schmieden, und dieses nach dem Hauen durch das Härten in Stahl verwandeln. Gewisser ist, daß die Deutschen Feilenhauer die eisernen Feilen oft nur durch reichliches Aufschütteu des Härtpulvers gut härten, und sie alsdenn für stählerne verkaufen. Zu den angeführten Ursachen kommt noch, daß die Englischen Feilenhauer ihre Feilen vor dem Hauen auf einer Schleifmühle aufs beste abschleifen. Es ist natürlich, daß der Meißel auf einer ebnen Fläche weit sicherer und feiner hauen kann, als auf einer rauhen. Endlich fangen die Englischen Feilenhauer nicht, wie die hiesigen, hinten, sondern von der Spitze der Feile an zu hauen. Die hiesigen Feilenhauer gestehen ein, daß dies einen weit gleichern und feinern Hieb giebt, es fehlt ihnen aber die Uebung. Wahrscheinlich kann die Hand mit mehrerer Festigkeit den Meißel führen, wenn man von der Spitze anfängt. Ob die Feilenhauermaschine der Engländer etwas zu diesem Vorzuge beiträgt, läßt sich nicht beurtheilen, weil sie in Deutschland nicht hinlänglich bekannt ist, ungeachtet man sie bereits in Dänemark eingeführt hat. Die Maschine soll durch das Wasser bewegt werden, und einen doppelten Mechanismus haben. Der eine treibt den Meißel, und der andre bewegt die Feile dem Meißel entgegen, wie die Sägemühlen den Baum gegen die Säge. Es wäre zu wünschen, daß der Staat die Feilenhauer in diesem Fall unterstützte, da der Werth dieser Maschine das Vermögen der hiesigen Feilenhauer übersteigen soll. Auch dies würde Geld ersparen. Vorzüglich würde eine Schleifmühle, die Berlin bis jetzt noch fehlet, nicht nur dem Feilenhauer, sondern auch verschiedenen andern Metallarbeitern beträchtliche Dienste thun.

Anmerk. Im 56sten Stück der Göttingischen Anzeigen von gelehrten Sachen des 1770sten Jahres wird eine Feilenhauermaschine, die ein Straßburgischer Großuhrmacher, Joh. Phil. Meybaum, erfunden hat, bekannt gemacht, aber nur mit wenigen Worten.

V. In Berlin haben sich nur 5 Feilenhauer gesetzt. Ihre Lehrbursche lernen 4 Jahr, wenn sie ein Lehrgeld erlegen können, ohne das aber 5 bis 6 Jahr. Ihre Gesellen müssen, wie gewöhnlich 3 Jahr wandern, und wenn sich ein wandernder Geselle einfindet, welches hier aber nur selten geschiehet, so geben ihm seine Mitgesellen 2 Tage freie Zehrung, und überdem noch 4 Gr., wenn er keine Arbeit findet. Ein angehender Meister verfertiget zum Meisterstück eine 18 Pfund schwere Armfeile, eine Schattierfeile, und einen Spitzring der Nadler.

Siebenter Abschnitt.

Der Messerschmid.

I. Inhalt. Der gemeinschaftliche Name eines Messerschmids begreift drei verschiedene Professionen unter sich, den Scherenschmid, den eigentlichen Messerschmid, und den chirurgischen Instrumentenmacher. Scherenschmide findet man selten in den Städten, sondern nur bei den Messerfabriken, und in Berlin ist diese Profession vor einiger Zeit gleichfalls ausgestorben. In ihrer Werkstätte entstehet weiter nichts, als grobe Scheren, die von den beiden übrigen Messerschmiden gleichfalls verfertigt werden. Es soll also bloß die Arbeit des Messerschmids in diesem, und des chirurgischen Instrumentenmachers im folgenden Abschnitt beschrieben werden. Man wird ihre gemeinschaftlichen Handgriffe in beide Abschnitte vertheilen.

Der gewöhnliche Messerschmid schmiedet zwar seine Klingen, Gabeln und Scheren, allein das beste thut bei diesen Stücken die Feile und der Schleifstein. Ueber dies muß er auch die Kunst verstehen, diejenigen Materialien zu zerschneiden, mit der Feile zu bearbeiten, und zu poliren, woraus er die Schalen der Messer verfertigt.

II. Bei den **Materialien** dieses Professionisten ist weiter nichts anzumerken, als daß er seine Waaren aus Schwedischem Eisen, und in hiesiger Gegend gewöhnlich aus Kölnischem Stahl schmiedet. Zu den Schalen der Messer erstehet er verschiedene harte Holzarten, vorzüglich Ebenholz, überdem, Elfenbein, Horn, Knochen, Perlenmutter und so weiter, und zum Poliren, Schmergel, Tripel und Baumöhl.

Anmerk. Das ächte Ebenholz wächs't in Indien und Afrika, und hat von Natur eine schwarze Farbe nebst einer vorzüglichen Härte. Perlenmutter wird aus den Muscheln der ächten Perlen geschnitten.

III. Außer den bekannten **Werkzeugen** zum Schmieden, der Feile, dem Meißel, und andern Stücken, die bereits oft in den vorigen Abschnitten genannt sind, müssen noch folgende Werkzeuge bekannt seyn, wenn man sich von der Arbeit des Messerschmids einen Begriff machen will.

A. Das Stämmeisen Tafel VI. Figur I. scheint äußerlich eine Nageldocke der Grobschmide zu seyn. Allein statt des vierkantigen Lochs des letztern Werkzeuges, erhält das Stämmeisen ein Loch a, nach der Gestalt der Klinge eines Messer. Denn der Professionist steckt die geschmiedete Klinge in dieses Loch, und die Angel in ein Loch a des Stämpels Fig. II. wenn er die Sehe be unter der Klinge bilden will. Der runde eiserne Stämpel, der etwa 1 Fuß lang ist, hat daher

daher auf seiner Grundfläche a ein Loch, das bei einigen, nach der verschiedenen Beschaffenheit der Angeln, viereckig Fig. II. 1, bei andern aber breit und flach 2. ist.

B. Der Richthammer Fig. III. hat auf beiden Seiten eine schmale und etwas gekrümmte Finne, mit einer spitzwinkligen Schärfe. Die Messerklingen biegen sich, wenn man sie gehärtet hat, und sie müssen daher mit diesem Hammer wieder gerichtet werden.

C. Die Schleifmaschine Fig. IV. gehört zu den brauchbarsten Instrumenten der Messerschmide. Sie wird durch ein Schnurrad a b in Bewegung gesetzt, das fünf bis sechs Fuß hoch ist, und beim Schleifen von einer besondern Person gedrehet wird. Der Augenschein lehrt in der Zeichnung, daß es auf einem hölzernen Gestelle läuft, und durch eine Kurbel bewegt wird. Ungefähr drei Fuß von dem Rade entfernt stehet ein zweites hölzernes Gestelle, das aus zwei hölzernen Säulen c d, e, und einem Gefäße von Holz f g, das zwischen den Säulen steht, zusammen gesetzt ist. Die beiden Säulen c d, e tragen eine eiserne Spille c h, die in c von einer kleinen Schraube mit einer Kurbel, und in h von einem Zapfen gehalten wird. Die Spitzen der Spille stecken in einem Zapfenloche der Schraube c und des Zapfens h. Man siehet also leicht, daß sich die Spille c h abnehmen läßt, und dies ist deshalb nöthig, weil die Messerschmide Schleifsteine und

Polirscheiben von verschiedener Beschaffenheit und Größe gebrauchen. Die Spillen aller Schleifsteine und Polirscheiben eines Meisters müssen also eine gleiche Länge haben. Die Schraube c liegt zur Hälfte in der Säule c d, und der übrige Theil wird von einem eisernen Bügel i umgeben, der auf jeder Seite der Schraube mit einer kleinern Schraube angeschroben ist, damit man die Schraube c wieder befestigen könne, wenn sie etwa wankt. Bei den mehresten Schleifmühlen der Messerschmide ist statt der Schraube c ein bewegliches Holz angebracht, das sich mit einem Keil befestigen läßt. Die erstere Einrichtung ist aber unstreitig vortheilhafter. Auf der Spille c h steckt eine hölzerne Rolle k, die durch eine Schnur k a mit dem Schnurrade a b verknüpft ist, und ein Schleifstein oder eine Polirscheibe l. Deutlich wird die Spille, mit ihrer Rolle und Polirscheibe oder mit einem Schleifstein, über der Maschine in m, n, o in die Augen fallen. Zwischen den Säulen c d, e und dem Rade a b stehet eine hölzerne geneigte Bank b e, worauf ein Küssen in e ruhet. Der Messerschmid legt sich beim Schleifen nach der ganzen Länge seines Körpers auf die Banke, und diese ist an dem vordern Ende e rund ausgeschnitten, damit große Schleifsteine Raum haben, sich zu bewegen. Die hiesigen Messerschmide folgen bei dieser Lage dem Gebrauch der Franzosen, und es hängt unstreitig nur von der Gewohnheit ab, wenn diese Lage ihnen eine größere Festigkeit der Hand ertheilet, denn die Englischen Meister

ster sitzen vor ihren Schleifmühlen. Die Messerschmide haben Schleifsteine von verschiedener Größe, deren Durchmesser stufenweise abnimmt. Die Ursache wird sich unten ergeben. Grobe Schleifsteine greifen natürlicher Weise das Metall schärfer an, als feine, und es ist daher vortheilhaft, wenn sie auch Schleifsteine von verschiedener Güte besitzen. Die Größe der Polirscheiben muß stets mit der Größe des Schleifsteins überein stimmen, womit eine Fläche geschliffen ist. Daher gehört zu jedem Schleifstein eine Polirscheibe. Sie sind entweder bloß von Holz, oder ihre Stirn ist auch mit Leder überzogen.

D. Das Zwingeeisen Fig. V. hat auf seiner Seitenfläche die Gestalt des Beschlages an einer Messerschale, die aus einem Stücke geschnitten ist. Es läuft aus der Ursache an einem Ende spitzer zusammen, damit man Beschläge von verschiedener Stärke aufpressen und bilden kann, denn dies ist der Zweck dieses Werkzeugs.

E. Die Beschläge der Messer, deren Schale aus zwei Hälften bestehet, werden mit dem Bündcheneisen gebildet. Fig. VI. Die eine Spitze a des Eisens hat daher die bekannte Gestalt des Beschlages unter der Klinge, und die andre b des Beschlages am untern Ende der Schale. Soll der Beschlag Figuren erhalten, so sind sie dem Eisen eingepräget.

F. Auf dem hölzernen Griff a des Putzholzes Fig. VII. stecken drei Enden Draht b, wor-

worauf beim Poliren kantiger Schalen Schachtelhalm gesteckt wird.

G. Der hölzerne Feilkloben Fig. VIII. ist aus zwei dreikantigen Hölzern ab, cb durch ein Niet d zusammen gefügt, und ein Keil e preßt beide Hölzer in b zusammen, wenn man mit diesem Instrument den polirten Ring einer Schere fest hält, damit er bei der Ausarbeitung der Schneide nicht anlaufe.

H. Mit einer kleinen eisernen Laubsäge, die nicht viel größer ist, als die Zeichnung Fig. IX. werden die kleinen metallenen Figuren ausgeschnitten, womit zuweilen die Schalen feiner Messer ausgelegt werden.

J. Der Gabelrichter Fig. X. ist ein kleiner Amboß auf einem Amboßstock. Der Amboß ist aber in b ausgehöhlt. Die Zeichnung stellt eine doppelte Abänderung dieses kleinen Werkzeugs vor, worauf die Zacken der Gabeln gerichtet werden.

IV. Die Waaren der Messerschmide kann man mit drei Worten sagen, denn sie verfertigen weiter nichts als Messer, Gabeln und Scheren von verschiedener Größe und Güte.

A. Die Messer lassen sich wieder in Messer mit einer flachen und spitzigen Angel, und in Einlegemesser abtheilen. Ihre abgeänderten Benennungen nach dem verschiedenen Gebrauch sind im gemeinen Leben bekannt genug.

a) Ist die Schale eines Messers aus einem Stücke ausgearbeitet, so muß der Messerschmid der Klinge eine spitzige Angel geben, die er in die Schale einkittet.

A. Bloß sehr feine Messerklingen werden ganz aus Stahl geschmiedet, denn gewöhnlich ist der Kern des Messers Eisen. Im letztern Fall schmiedet der Messerschmid ein Stück Kölnischen Stahl, das etwa einen Zoll lang, etwas breiter, und $\frac{1}{4}$ Zoll dick ist. Er schraubt die Kneipen seines Schraubstocks etwas aus einander, legt den Stahl erwärmt auf die Kneipen, und rollt ihn mit einem stumpfen Meißel zusammen. In den aufgerollten Stahl steckt er eine dünne und runde Stange Eisen, schweißt beide Metalle zusammen, und streckt sie zugleich zu einer Klinge aus. Aus der Seite, wo beide Enden des aufgerollten Stahls zusammen stoßen, entsteht der Rücken des Messers, und also aus der entgegengesetzten Seite die Schneide. Wenn die Klinge unter dem Hammer im Groben ihre Gestalt erhalten hat, so hauet sie der Messerschmid von der dünnen Stange Eisen ab, läßt aber von dem letztern Metall ein Stück stehen, woraus er die spitzige Angel mit kleinen Possekeln schmiedet. Das ganze Messer wird hernach wieder rothwarm gemacht, die Klinge in das Loch des Stämmeisens Fig. I. a gesteckt, und der ausgehöhlte Stämpel Fig. II. 1. auf die Angel gesetzt. Einige Schläge des Hammers, die auf den Stämpel gerichtet werden, bilden

den die Scheibe, die man bei einem Messer dieser Art unter der Klinge bemerkt. Fig. XI. b. Die weitere Ausbildung oder, nach der Sprache des Professionisten, die Façon muß die Feile der Klinge geben. Mit einer Mittelfeile werden ihre beiden großen Flächen geebnet, wodurch zugleich die Schneide verdünnet wird, und eben dies Instrument bearbeitet auch den Rücken und den Ring b. Das Metall wird durch das oft wiederholte Ausglühen beim Schmieden schon weich genug, und daher pflegen es die Messerschmide nicht von neuen zu glühen. Hingegen ist das Härten bei allen schneidenden Geräthen, und also auch bei einer Messerklinge nothwendig. Die Messerschmide härten nur auf eine sehr einfache Art. Sie stecken die rothwarme Klinge bloß in kaltes Wasser, aber nicht zu schnell und auch nicht zu langsam, weil sich ohne diese Vorsicht das Metall stark wirft. Die gehärteten Klingen würden aber ausspringen, wenn der Messerschmid die Härte nicht dadurch wieder minderte, daß er die Klinge mit einem Handschleifstein in etwas polirt, und sie hernach auf glühende Kohlen legt. Tischmesser, wovon jetzt die Rede ist, bleiben so lange auf den Kohlen liegen, bis sich die hafergelbe Farbe schon etwas verliert, und anfängt roth zu werden, weil sie nur eine gemäßigte Härte erhalten müssen, wenn sie nicht ausspringen sollen. Bekannter Maßen werden sie nunmehr zum zweiten Mal in kaltes Wasser gesteckt. Beinahe alle Klingen werfen sich beim Härten, und daher muß man

sie

sie auf dem Amboß mit dem Richthammer Fig. III. wieder gerade schlagen. Am allerbesten läßt es sich aber auf dem Schleifstein bemerken, ob eine Klinge völlig gerade sey, wenn sie sich an den Stein genau anschließt. Daher schleift der Messerschmid seine Klingen nach dem Richten im Groben ab, und wenn sich noch Stellen finden, die noch nicht völlig gerade sind, so richtet er sie von neuen, und glättet sie alsdenn völlig auf dem Schleifstein, vermittelst der Schleifmaschine Fig IV. Ueberhaupt ist bei Eisen und Stahl, wenn diese Metalle gehärtet sind, kein besseres Mittel, sie zu glätten, als das Abschleifen. Allein die Natur der Fläche muß es auch erlauben; denn zirkelrunde und ovale Flächen lassen sich nicht auf dem Schleifstein ebnen, und Körper, die viele kleine ebene Flächen haben, glättet man mit leichter Mühe durch andre Mittel, die sich in der Folge entwickeln werden. Die Gesetze des Schleifens sind ungefähr diese: Erstlich. Die Fläche, die man abschleifen will, ruhet dergestalt auf dem Schleifstein, daß sie ihre Richtung nicht nach dem Umfange, sondern nach der Dicke des Steins nimmt, und wenn sie länger ist, als die Dicke des Schleifsteins beträgt, so muß sie auf dem Stein stets hin und her gezogen werden. Der Schleifstein wird hierbei zum öftern mit Wasser benetzt. **Zweitens.** Soll eine ebene oder etwas runde Fläche geschliffen werden, so muß der Messerschmid einen großen Schleifstein auf die Schleifmaschine aufstecken. Die Fläche, die man abschleifen will, sey einen Zoll breit, so so weicht bekannter Maßen ein gleich großer Bogen in dem Umfang eines großen Schleifsteins nur wenig von einer geraden Fläche ab. Schleift man aber im Gegentheil mit einem Stein, dessen Durchmesser nur klein ist, so hat ein Bogen dieses Schleifsteins, der einen Zoll lang ist, schon eine starke Rundung. Hieraus fließt natürlicher Weise, theils daß man mit kleinen Steinen eine Fläche aushöhlt, theils daß der Stein desto kleiner seyn muß, je stärker er eine Fläche aushöhlen soll. Hat ja ein Messerschmid keinen Schleifstein, der der Breite einer glatten Fläche angemessen ist, die man abschleifen will, so muß er die Klinge stets rechts und links nach dem Umkreise des Steins niederdrücken, und hierdurch dem Fehler abhelfen. Im Gegentheil hält er das Messer auf einem großen Schleifstein fest, und nur in dem Fall bewegt er es in etwas, wenn die Fläche eine schwache Rundung erhalten soll. Dieser letzte Fall findet gerade bei einem Tischmesser Statt. **Drittens.** Hat ein Messerschmid einen groben und feinen Schleifstein von der erforderlichen Größe, so nimmt er mit dem ersten das Grobe einer Fläche ab, und ebnet sie hernach mit einem feinern Stein. **Viertens.** Der grobe Schleifstein giebt der Schneide des Messers einen Grath, der sich beim Gebrauch sogleich umlegt. Dieser muß daher nach dem Poliren mit einem feinen Stein aus freier Hand abgenommen werden. Bei einem Tischmesser schafft man ihn mit einem feinen Sandstein weg, hinge-

hingegen Federmesser und Barbiermesser zieht der Messerschmid auf einem so genannten Abziehstein mit Baumöhl ab. Das letzte Gesetz des Schleifens führt natürlich auf das Poliren. Die Polirscheiben müssen aus Birnbaumholz, oder aus einer andern harten Holzart verfertiget werden, damit sie das Metall gehörig angreifen. Uebrigens ist beim Poliren nichts weiter zu bemerken, als daß, wie bereits gesagt ist, die Scheibe eben so groß seyn muß, als der Schleifstein, daß man ihre Stirn mit zerstoßenem Schmergel und Baumöhl bestreicht, und das Messer nach eben den Gesetzen bewegt, die schon bei dem Schleifen angezeigt sind. Es ist zwar einerlei, ob das Messer vor der Vereinigung mit der Schale geschliffen wird, oder nachher. Weil sich aber Brüche und andre Fehler der Klinge am besten beim Schleifen entdecken, daß man dieserhalb eine Klinge oft wegwerfen muß, so erspart sich der Messerschmid bei diesen mangelhaften Klingen Zeit und Mühe, wenn er sie schleift, ehe sie mit der Schale verknüpft werden.

B. Dieses leitet abermals auf die Bearbeitung der Schale eines Messers. Gleich zu Anfang der Beschreibung eines Tischmessers mit einer spitzen Angel ist erinnert worden, daß die Angel in einer Schale aus einem Stücke eingekittet wird. Gewöhnlich erhalten diese Messer eine Schale von Ebenholz, Rosenholz, Buxbaumholz, und andern harten und seltenen Holzarten.

Unterdessen ist nicht zu läugnen, daß oft, vorzüglich Schalen von Ebenholz für ächt verkauft werden, da man doch nur durch die Kunst Birnbaumholz in Ebenholz verwandelt hat. Das gedachte Holz wird in Alaunwasser mit Spähnen von Brasilienholz gekocht, und mit der bekannten Eisenschwärze überstrichen. Ist die Beize gut gerathen, so läßt sich ein solches Holz eben so gut bearbeiten und poliren, als das Ebenholz. Aus allen diesen Holzarten schneidet der Messerschmid die Schale mit einem Messer im Groben zurecht, und giebt ihr mit einer Raspel die bekannte Gestalt. Eben dies Werkzeug macht um die ganze Schale in b Fig. XI. einen Einschnitt, nach der Breite und Dicke des Beschlages, den der Messerschmid das Band nennt. Eben dies gilt auch von dem Beschlag c, der die Kappe heißt. Endlich wird mit einer Rennspindel ein Loch auf der Grundfläche der Schale in b für die Angel gebohret. Die Schale sehr feiner Messer erhält auch wohl nach der Länge einige Hohlkehlen, und runde Stäbe. Der Messerschmid hat ein Eisen, das einem Gesimshobeleisen gleicht, womit er die Stäbe ausschabet. Im Nothfall hilft er den Hohlkehlen mit einer Raspel nach, die einer starken Säge gleicht. Die hölzernen Schalen glättet der Messerschmid mit zerstoßenem Bimsstein und Wasser, vermittelst des Schachtelhalms. Ist die Schale rund, so fasset er einige Schachtelhalme zusammen, taucht sie in Wasser und hernach in das Bimssteinpulver, und reibet hiermit das Holz.

Ist

Ist aber die Schale kantig, so würden die zusammen gefaßten Schachtelhalme die Ecken abreiben; man bedient sich daher in diesem Fall des Putzholzes Fig. VII, wenn vorher auf jedes Ende Draht ein Schachtelhalm gesteckt ist. Die völlige Glätte erhält die Schale, wenn sie mit zerstoßenen Kohlen und Baumöhl, vermittelst eines Filzes, gerieben wird. Das Band b und die Kappe c wird aus Messing-, Tomback- und Silberblech verfertigt. Die beiden ersten Blecharten läßt sich der Professionist von dem Messingwerke kommen, das Silberblech verfertigt er aber selbst. Er gießt sich einen Silberzahn von acht- bis zehnlöthigem Silber, glühet ihn in der Esse so oft es nöthig ist, und zieht ihn mit der Finne des Hammers aus, ebnet ihn aber zum öftern wieder mit der Bahn des Hammers. Zu dem Bande so wohl als der Kappe schneidet er aus Blech schmale Streifen, die so breit sind, als der gedachte Einschnitt in b und c, und etwas länger, als die Dicke eben dieser Theile beträgt. Jeden schmalen Streif biegt er aus freier Hand dreikantig, und löthet die vereinigten Enden bei Silberblech mit Schnelloth oder Silberschlagloth an einer Löthlampe, bei Messingblech aber mit Messingschlagloth auf Kohlen zusammen. Das zusammen gelöthete Blech steckt er auf das Zwingeeisen Fig. V. und preßt es so weit hinauf, bis es die Größe des Einschnitts auf der Schale hat, worauf es soll gesetzt werden. Er hält daher das Zwingeeisen gegen die Schale, und bemerkt mit ei-

 nem

nem Feilstrich, wie weit das Blech auf das Eisen muß hinauf gepreßt werden. Das Band b wird bloß auf den Einschnitt der Schale getrieben, wenn das Blech stark ist. Muß man aber bei einem dünnen Bleche vermuthen, daß es zerreißt, so setzt man es mit Siegellack auf. Alles dieses gilt auch von der Kappe c, wenn vorher der Boden aufgelöthet ist. In dieser Absicht setzt der Messerschmid die Kappe auf ein Stück Blech, hält beide Stücke mit einer kleinen Klammer zusammen, und vereiniget sie auf die nur gedachte Art durch das Löthen. Das Ueberflüssige des Bodens wird abgeschnitten. Wie der Beschlag polirt wird, ist bereits bei den Silber- und Messingarbeitern erzählt worden. Endlich füllet der Messerschmid das Loch b in der Achse der Schale mit zerstoßenem Kolophonium und Kreide aus, macht die Angel der Klinge glühend, steckt sie in den Kitt, und treibt sie so weit hinein, bis die Scheibe der Klinge genau an das Band b der Schale anschließt. Zuweilen wird noch die Angel unter dem Boden der Kappe vernietet. Die Schalen von Porzellan, Emaille, und Silber vereiniget der Messerschmid bloß mit der Klinge durch den gedachten Kitt, denn sie gehören nicht zu seiner Arbeit.

b) Bei dem Schmieden der **Messer mit einer flachen Angel**, die gerade so breit, als die Schale ist, findet weiter keine Abweichung von der vorigen Art Messer Statt, als daß die Angel platt ausgestreckt wird, und daß der Messerschmid bei der Bildung der Scheibe Fig. XI. b einen

einen Stämpel wählen muß, der nach der Gestalt der Angel ein flaches Loch hat. Fig. II. 2. Desto mehr ist aber bei der Schale dieser Messer anzumerken. Wir sehen es täglich, daß an jeder Seite der Angel eine Schale mit einigen Nieten befestiget ist, und der Augenschein belehret uns auch, daß diese Schalen von verschiedenen Körpern verfertiget werden. Bei Tischmessern giebt es folgende Abänderungen der Schalen. 1) Die Angel der schlechtesten Messer bedecken Schalen von Hirschhorn. Der Messerschmid schneidet von einem Hirschhorn mit einer Säge ein Stück, nach der Größe jeder einzelnen Schale ab, und zertheilet es mit eben diesem Instrument nach der Länge in zwei gleiche Theile. Sind die Hälften noch zu dick, so nimmt er das Ueberflüssige mit einer Raspel ab. Weil aber das Horn krumm ist, so muß er es in Wasser kochen und erweichen, um es in dem Schraubstock gerade zu biegen. So bald die Schalen wieder kalt und hart sind, so mißt er jede nach der Größe der Angel ab, und beschneidet nach den gezogenen Strichen den Umfang mit einer Säge, die im folgenden Abschnitt soll beschrieben werden, oder wenn nur wenig abzunehmen ist, so nimmt er es nur mit der Raspel ab. 2) Schon ein besseres Ansehen haben die Schalen, die man aus Knochen mit einer Säge schneidet. Man nimmt hierzu die Beine der Rinder. Sie werden gleichfalls nach der Angel abgemessen, und die äußere Seite wird nach der bekannten Gestalt weiter mit der Feile ausgearbeiarbeitet. Schalen dieser Art haben aber den Fehler, daß sie außerordentlich spröde sind, und vorzüglich, daß sie sich nicht gut bohren lassen. Nur bei sehr schlechten Messern behalten sie ihre gelbe Farbe; denn die Kunst hat Mittel gefunden, die natürliche Farbe so wohl der Knochen, als des Elfenbeins abzuändern. Beide Körper erhalten eine rothe Farbe, wenn man Brasilienholz in Alaunwasser kocht, und die Knochen zwei bis drei Wochen darin liegen läßt. Liegen sie eben so lange in Alaunwasser und Urin, worin man Indigo schüttet, so nehmen sie eine blaue Farbe an. Hingegen dürfen sie nur eine Nacht in Scheidewasser liegen, worin man Feilspäne von Kupfer bis zur Sättigung aufgelöset hat, wenn sie grün werden sollen. 3) Das Elfenbein wird zwar wie Knochen bearbeitet, außer daß man es mit einer guten Säge, wegen seiner Härte, zerschneiden muß, aber man verbraucht es nur selten zu Schalen gewöhnlicher Messer. Der Knochen so wohl, als das Elfenbein läßt sich zwar auf eben die Art poliren, als das Holz, allein mit mehrerem Vortheil wird beides mit Tripel und Baumöhl auf einer Polirscheibe, die mit Leder überzogen ist, geglättet. 4) So selten man bei Tischmessern Schalen von Elfenbein bemerkt, so häufig sind die Schalen von Horn, das sich aber unter verschiedenen künstlichen Gestalten unkennbar macht. Zu Messerschalen ist das Horn von den Rindern das brauchbarste. Der

Pro-

Professionist erwärmt es auf einem Stein in den Kohlen seiner Esse, legt es mit Talg beschmiert zwischen zwei eiserne Platten, und spannt diese in den Schraubstock. Das Horn wird hierdurch völlig platt gepreßt, und zu Schalen brauchbar gemacht. Es giebt schon so, wie es aus der Presse kommt, eine feine Schale, die eine weiße mit grau vermischte Farbe hat, wenn sie polirt ist. Allein der Messerschmid ist bei dem Horn mit diesem Gebrauch noch nicht zufrieden. Besonders bei Einlegemessern wird man Schalen bemerken, deren Grundfarbe braun ist, womit sich aber gelbe Streifen und Flecke vermischen, und diese sind gleichfalls aus gebeiztem Horn geschnitten. Man mischt Kalk, Silberglätte und Lauge unter einander, und streicht diese Masse auf die Schale. Sie giebt ihr zwar eine veränderte Farbe, macht sie aber auch spröde und zerbrechlich. Daher haben alte Messerschalen dieser Art ein schlechtes Ansehen. Endlich giebt' es auch Schalen, deren sichtbare Fläche ganz mit kleinen Spitzen oder Körnern bedeckt ist, und diese haben insgemein eine schwarze, zuweilen aber auch eine rothe und grüne Farbe. Auch diese werden aus Horn gepreßt. Wenn der Messerschmid das Horn preßt, wie schon bemerkt ist, so legt er auf eine Seite des Horns eine eiserne Platte, worauf die Spitzen oder Körner vertieft ausgegraben sind, und hierdurch entsteht in der Presse die gedachte rauhe Gestalt der Schalen. Zu schwarzen Schalen dieser Art nimmt er Bockshorn, zu den rothen und grünen Schalen färbt er aber Ochsenhorn mit der Beize der Knochen. Bearbeitet und polirt wird das Horn, wie die Knochen. 5) Nur selten legt man die Schale eines Tischmessers mit Perlenmutter aus, weil es kostbar ist, und sich mühsam bearbeiten läßt. Die wenigsten Muscheln geben eine lange und gerade Schale, und biegen läßt sich diese spröde Materie gar nicht. Daher verbraucht man sie insgemein nur bei den Schalen kleiner Taschenmesser. Die Säge muß eine sehr gute Klinge von einer Uhrfeder haben, wenn sie Perlenmutter zerschneiden soll, und wegen ihrer Härte und Sprödigkeit läßt sich diese Schale eben so gut auf dem Schleifstein, als mit der Feile ausarbeiten. Keine Schale nimmt aber leichter eine Politur an, als diese, denn man darf sie nur mit einem Polirstahl reiben. Eben so selten sind bei Tischmessern die Schalen von 6) Fischbein und 7) Schildkröten, wovon der nächste Abschnitt das nöthigste sagen wird.

Alle diese Schalen vereinigt der Messerschmid auf folgende Art mit der flachen Angel der Klinge. Durch die flache Angel bohrt er mit einer Rennspindel drei Löcher, und nach Maßgebung der Angel durchbohrt er auch die Schalen, wenn sie bereits ausgearbeitet (faßonnich) sind. Im letztern Fall setzt er die Rennspindel nicht gegen das Brustbrett, sondern er stecht einen Stift auf der Rennspindel in ein horizontales Loch auf der Seite eines Schraube-

stocks,

stocks, setzt sich neben diesem Instrument nieder, hält die Schale mit der linken Hand gegen sein Knie, und den Bohrer gegen den bezeichneten Ort der Schale. Er bewegt die Rennspindel bekannter Maßen mit der rechten Hand, vermittelst eines Bogens. Ehe die Schalen auf der Angel aufgenietet werden, löthet der Messerschmid den Beschlag unter der Klinge Fig. XI. b und am untersten Ende der Angel c auf. Den obersten Beschlag b nennt er das **Vorderbündchen**, weil zuweilen, vorzüglich bei Perlemutterschalen, noch in der Mitte der Angel ein Mittelbündchen aufgesetzt wird; und den untersten c die Haube. Man darf nur ein Messer dieser Art ansehen, um sich sogleich zu belehren, daß der vorderste Beschlag b so wohl, als die Haube c aus zwei Hälften auf der Angel aufgelöthet ist. Der Messerschmid bildet jede hohle Platte des Vorderbeschlages und der Haube mit dem Bündcheneisen, und dem ähnlichen Haubeneisen Fig. VI. Er legt das Ende des Eisens, so das zugeschnittene Stück Messing- oder Silberblech bilden soll, auf eine starke Zinnplatte, und treibt es mit dem Hammer hinein. Auf den Einschnitt, der hierdurch an einer Seite der Zinnplatte entstehet, legt er das zugeschnittene Blech, und treibt es mit dem nur gedachten Bündcheneisen in die Vertiefung des Zinns. Wer siehet nicht, daß auf diese Art die beiden Bleche des Vorderbeschlages und der Haube mit leichter Mühe so weit zur Vollkommenheit gebracht werden, daß man sie nur noch auflöthen darf? Der Messerschmid macht Zinn in einem Tiegel flüssig, befeilt die Stellen der Angel, wo er die Bleche aufsetzen will, bestreicht sie mit Terpenthin, steckt sie in das flüssige Zinn, überzieht sie zum zweiten Mal mit Terpenthin, und setzt die Bleche schnell auf. In eben dem Augenblick umwickelt er sie auch mit Garn, bestreicht sie mit Lehm, damit nicht etwa das Zinn die Bleche überziehe, und legt sie auf Kohlen. In den Messerfabriken löset man Salmiak in Wasser auf, und gebraucht es statt des Terpenthins. Nunmehr kann jede Schale mit der Feile zwischen den Vorderbeschlag b und die Haube c eingepaßt, und auf der Angel vernietet werden. Jedes Niet wird aus Draht geschnitten, und es muß nicht zu stark seyn, sonst zerspringt die Schale. Zuletzt werden beide Schalen durch die Handgriffe polirt, die oben bei jeder Art angeführt sind.

c) Die Klinge der Einlegemesser Fig. XII. hat statt der Angel einen Druck, oder ein schmäleres Stück Eisen, das sich gegen die Feder der Schale lehnet. Sie wird übrigens wie die vorigen Klingen geschmiedet, und man läßt sie nach dem Härten blau anlaufen. Was oben von dem Schleifen und Poliren gesagt ist, das gilt auch bei den Klingen der Einlegemesser. Es bleibt also nur die Verfertigung der Schale übrig. Der Messerschmid schmiedet zwei Bleche, die er Platinen nennt, und denen er nach einem Modell völlig

völlig die Gestalt der eigentlichen Schalen giebt. Je feiner das Messer werden soll, desto dünner müssen die Platinen ausgestreckt werden, damit sie ihrem künftigen Besitzer nicht beschwerlich fallen. Die Platinen werden an drei Orten dergestalt durchbohrt, daß in b ein Niet kann durchgesteckt werden, welches die Klinge mit der Schale verknüpft, und daß die beiden Niete c und d zugleich auch die Feder befestigen. Jede Platine wird mit einer Schale von Knochen, Horn, Elfenbein u. s. w. bedeckt, von deren Bearbeitung man S. 197 u. f. nachlesen kann. Die Feder b d entfernt die beiden Platinen von einander, und muß gerade so dick seyn, als der Druck der Klinge a. Abgesondert wird man sie in der XIII. Fig. bemerken. Der Messerschmid schmiedet sie aus gutem Stahl, und giebt ihr eine Federhärte. Er macht sie in dieser Absicht zwar gleichfalls rothwarm, und kühlt sie in Wasser ab, legt sie aber nicht in Kohlen. Statt dessen wird sie mit Talg oder Baumöhl bestrichen, über Kohlen abgebrannt, und von neuen in kaltes Wasser gesteckt. Man durchbohrt sie nur zweimal in c und d, damit sie nach der Vereinigung der Klinge mit der Schale durch das Niet b, und der Theile der Schale unter einander durch die Niete d und c, ihre Federkraft in b c frei gegen den Druck der Klinge äußern könne. Gewöhnlich ist dieser Druck b ein vollkommnes Quadrat (talon quarré), damit er bei allen ruhenden Lagen der Klinge den Raum zwischen

der

der Feder und der innern Seite der Schale e genau ausfülle. Bloß sehr feine Messer erhalten einen abgerundeten Druck (talon rond), damit sie sich bequem einlegen und wieder aufmachen lassen. Zuweilen erhalten die Messer in b blecherne Backen, die, wie der Beschlag auf den Tischmessern mit breiten Angeln, aufgelöthet werden. Dagegen befestiget man bei feinen Messern auf beiden Enden der Stifte b und d Rosetten von Messing-, Tomback- und Silberblech, wie der folgende Abschnitt zeigen wird. Bei schlechten Messern steckt in f ein Stück Holz zwischen beide Platinen, allein feine Messer erhalten dagegen unter der Klinge in e einen kleinen Zapfen, der, wenn das Messer eingelegt ist, genau die Feder berühret, und die Klinge von der Feder entfernet.

b) Die Schalen einiger Federmesser werden mit messingenen und silbernen Figuren ausgelegt, und diese gehören in Absicht der Bearbeitung zu den künstlichsten und mühsamsten Stücken. Der Messerschmid läßt sich von dem Gelbgießer messingene Platinen gießen, die in der Mitte ihrer äußern Seite eine Vertiefung haben. Diese füllet er mit Horn aus, worin die Figuren von Metall eingepreßt sind. Die Figuren zeichnet er auf Messing oder Silberblech ab, nietet drei bis vier Bleche über einander zusammen, und schneidet mit der kleinen Laubsäge Fig. IX. zugleich Figuren zu einigen Messern aus. Jede Figur legt er auf eine Schale von

Horn,

Horn, die schon vorher gehörig bearbeitet, im Feuer auf einem Stein erweicht, und mit Unschlitt beschmiert ist, und schraubet die Schale mit den Figuren zwischen den oben genannten eisernen Platten in den Schraubstock. Dieser preßt das Metall in das erweichte Horn hinein, und vereiniget zugleich die Figuren mit dem Horn. Die Schale mit den Figuren wird nur durch den Umfang der Vertiefung auf der messingenen Platine vernietet.

c) Die offene Klinge gewisser Einlegemesser läßt sich nicht in die Schale legen, wenn man nicht einige kleine Vortheile weiß. In Berlin heißen diese Messer Französische Messer. Der Druck der Klinge erhält mit der Feile einen Widerhaken Fig. XV. a, und die Feder wird von c bis b nach dem Innern zu etwas breiter geschmiedet, daß hierdurch in b ein Absatz entsteht. Ueberdem erhält der Theil b c der Feder äußerlich einen breitern Kopf, der sich auf beiden Seiten gegen die Schale und ihre Platine lehnet. Der Theil c b ist gerade so lang, als der Theil des Drucks bis zum Widerhaken a. Wenn man also die Klinge aufrichtet, so fällt der Widerhaken a des Drucks unter den Absatz der Feder in b, und dieser hält die Klinge so lange unbeweglich fest, bis man die Feder an dem äußern Kopf c b zurück biegt. Noch mit mehrerer Schwierigkeit läßt sich die Klinge einle-

einlegen, wenn der Druck seinen Widerhaken a behält, und die Feder ihren Absatz in b, der äußere Kopf c b aber wegfällt. Statt dessen wird aber die rechte Schale durch einen Zapfen mit der Feder in b vereinigt, und nur durch die Niete d und e mit den übrigen Theilen verknüpft. Ueberdem ist das Loch der Schale unter der stärkern Rosette d weit größer, als das Niet. Man kann also die Schalen nach der Richtung d b etwas zurück schieben, und zugleich auch die Feder, da sie mit der Schale durch einen Zapfen zusammen hängt. In diesem Fall verläßt der Absatz der Feder in b den Widerhaken des Drucks a, und die Klinge läßt sich in die Schale legen.

f) Die hiesigen Messerschmide wollen es nicht eingestehen, daß ihre Scher- oder Barbiermesser schlechter sind, als die Englischen, wenn sie nur aus eben dem Stahl geschmiedet werden, und der Meister alle Geschicklichkeit und Sorgfalt anwendet. Soll eine solche Klinge recht gut seyn, so muß sie aus dem feinsten Englischen Stahl geschmiedet werden. Sie wird unter dem Hammer aus einer doppelten Ursache sehr massiv ausgestreckt, theils weil der stark gehärtete Stahl zerspringen würde, wenn man die Krümmung, die eine Klinge zuweilen beim Härten bekommt, mit einem Richthammer Fig. III. wegschaffen wollte, und weil man

man daher den Fehler beim Schleifen heben muß; theils aber auch, weil die Klinge hohl geschliffen wird. Aus dieser letzten Ursache erhält sie auch einen starken Rücken. Beim Schmieden muß der Messerschmid die Natur seines Stahls genau erforschen, damit er ihm nicht zu wenig, aber auch nicht zu viel Hitze gebe, und die Klinge zu hart oder zu weich werden lasse. Die Feile muß diese Klingen gleichfalls faßonniren, und vorzüglich den Absatz über der Schale bestimmen. Gleichfalls mit der größten Genauigkeit wollen diese Messer gehärtet seyn. Wenn sie rothwarm in kaltes Wasser abgekühlt sind, so schleift man sie aus freier Hand mit einem Sandschleifstein, läßt sie nur hafergelb auf glühenden Kohlen anlaufen, und steckt sie abermals in kaltes Wasser, damit sie eine vorzügliche Härte erhalten. Auf der Schleifmaschine Fig. IV. werden die Flächen erst mit einem großen Schleifstein geebnet, hernach auf einem kleinern etwas ausgehöhlt, und zuletzt bringt man sie auf einen sehr kleinen Schleifstein, der ihnen die völlige Aushöhlung giebt. Hat sich aber eine Klinge dergestalt geworfen, daß sich der Fehler auf dem Schleifstein nicht heben läßt, so muß sie der Messerschmid wegwerfen. Endlich wird der Grath auf einem Abziehstein weggeschafft. Alle diese Bearbeitungen verlangen eine große Genauigkeit, und daher kommt es, daß die wenigsten Messerschmide Barbiermesser

messer verfertigen können. Sie erhalten insgemein eine Schale von Schildkröte oder Fischbein, allein die Bearbeitung dieser Körper soll bis zum nächsten Abschnitt verspartet werden.

B. Den feinsten Gabeln giebt der Messerschmid vier, den gewöhnlichen aber nur zwei Zacken. Wenigstens die Zacken einer Gabel müssen aus Stahl geschmiedet werden, weil eiserne Zacken leicht beim Gebrauch zerbrechen würden. Jede Gabel bestehet aus vier Theilen, aus den Zacken Fig. XVI. XVII. a b, der Stolle b c, der Angel, und der Schale e d, worin die Angel steckt. Soll eine Gabel drei oder vier Zacken erhalten Fig. XVI, so schmiedet der Messerschmid für diesen Theil ein Stück an einer Stange Stahl aus, das so breit ist, als alle drei Zacken mit ihren Zwischenräumen. Die Stolle Fig. XVI. b c wird unter dem Hammer nur rund geschmiedet, hingegen die Angel völlig ausgebildet. Die Zwischenräume zwischen den Zacken hauet man mit einem Meißel aus, bearbeitet jeden Zacken mit einer Feile, und krümmt alle zugleich etwas mit dem Hammer. Der Stolle giebt die Feile eine flachrunde Gestalt und einige Knöpfe. Das letztere gilt auch bei den Gabeln, die nur zwei Zacken haben Fig. XVII, allein die Zacken werden auf eine ganz andre Art bearbeitet. Man läßt für sie beim Schmieden der Gabel ein flaches Stück stehen, das halb

halb so lang ist, als die fertigen Zacken, und zerschrotet es mit einem Meißel nach der Länge in zwei gleiche Streifen. Diese werden dergestalt zurück gebogen, daß sie mit der Stolle rechte Winkel machen, und mit dem Hammer zu spitzigen Zacken ausgeschmiedet. Man macht sie wieder rothwarm, treibt sie etwas mit dem Hammer zusammen, und richtet sie auf dem Gabelrichter Fig. X. Bei dieser letztern Arbeit steckt der Messerschmid den einen Zacken in die Oeffnung unter dem Gabelrichter b, und giebt dem andern auf der Bahn a dieses kleinen Ambosses einen schicklichen Abstand von der Stolle. Eben dies wiederholt er bei dem andern Zakken. Die Feile muß beide Zacken nebst der Stolle gleichfalls ausarbeiten. Eine Gabel mag nun vier, oder nur zwei Zacken haben, so giebt man ihr die oben beschriebene Federhärte, damit sich die Zacken gehörig biegen lassen. Der Leser wird sich aus dem obigen erinnern, daß runde und kantige Flächen nicht geschliffen werden. Dagegen ebnet man die Zacken so wohl, als die Stolle mit einer Schlichtfeile, schleift sie aus freier Hand mit einem Oehlstein, reibt sie vermittelst eines Holzes mit Schmergel und Baumöhl, und ebnet sie zuletzt mit einem Polirstahl. Mit eben dieser Politur glättet man auch die äußere Fläche der Federn an den Einlegemessern. Die Schale der Gabel muß stets mit der Schale der Messer überein stimmen, und hat daher nichts besonders. Für die Scheibe c über der Schale bleibt entweder beim Schmieden ein stärkeres Stück stehen, woraus sie gefeilet wird, oder man setzt auch bei schlechten Gabeln kleine Stücke Eisen, auf jeder Seite der Angel, in den Beschlag der Schale ein.

C. Bei der Verfertigung einer Schere muß der Messerschmid mit aller Genauigkeit zu Werke gehen, denn sie gehört zu seinen schwersten Arbeiten. Die feinsten Scheren entstehen in der Werkstätte der chirurgischen Instrumentenmacher, und daher wird in diesem Abschnitt eine große Schneiderschere das Beispiel seyn, wobei die Bearbeitung dieses gemeinnützigen Instruments soll gezeigt werden. Im voraus ist die Benennung der Theile zu bemerken. a d, c d, Fig. XVIII. heißen die Blätter der Schere, den viereckigen Theil d b, den ein Niet durchbohrt, nennt man das Schild, welches sich bei beiden Schenkeln mit einem Absatz b f, dem Schluß, endet, und b g ist die Stange, die unten, nach der Gestalt des Fingers, länglich runde Ringe hat. Die äußere Fläche der Blätter einer Schneiderschere ist, nebst dem Griff von Eisen, die Flächen der Blätter aber, die sich berühren, von Stahl. Der Messerschmid schmiedet an einer Stange Eisen ein flaches Stück nach der Länge eines Blatts aus, legt auf die Seite, wo die Schneide ent-

Inhalt.

I. Der Nagelschmid. S. 3.

A. Der Nagelschmid schmiedet aus einländischem Eisen 4, mit den gewöhnlichen Werkzeugen der Grobschmide 4, verschiedene Arten Nägel 8, und wenige andere Stücke 14. B. Der Weißnagelschmid verfertigt gleichfalls aus einländischem Eisen 15, mit den nur gedachten Werkzeugen 16, vorzüglich kleine Nägel 17. Einige werden verzinnt 19, andere erhalten einen messingenen Kopf 20.

II. Der Schlösser. 23.

Bearbeitet das Eisen 24 schon weit künstlicher, als die vorhergehenden Eisenarbeiter. Daher ist die Anzahl seiner Werkzeuge 25 beträchtlich. Aus der großen Menge seiner Arbeiten hat man folgende beschrieben: 1) Den Beschlag an einer Thür. Das wichtigste Stück dieses Beschlages ist das Französische Schloß. 38. Man hat den Mechanismus voraus geschickt 39, und hernach die Verferti-

gung

gung des Schlüssels 45, des Kastens 49, des eigentlichen Schlosses 52, der schießenden Falle 58, und des Nachtriegels 59 gezeigt. Ueberdem gehören zu dem Beschlage einer Thür noch die Englischen Klappen oder Fischbänder 59. 2) Bei dem Beschlage eines Koffers ist das Deutsche Schloß beschrieben worden, wobei abermals der Schlüssel 63, und das Schloß selbst 65 in Betrachtung kommt. Ein Koffer erhält überdem noch Bänder 68. 3) Ein Deutsches Vorlegeschloß 73. 4) Zur Verschönerung der Gebäude verfertigt der Schlösser Gatter 77 und Sprengwerke 81.

III. Der Sporer. 85.

In dieser Werkstätte entstehen die eisernen Theile eines Reitzeuges. Sie können nur aus Schwedischem Eisen 85, größten Theils mit den Werkzeugen 85 der Schlösser, geschmiedet und ausgearbeitet werden. Die bekanntesten Stücke eines Reitzeuges sind: 1) Die Reitstangen 91. Es giebt Deutsche 92, Englische 100, Französische 101, Polnische 101, und Kutschenstangen 102. Hierzu gehört auch der Kappzaum 102. 2) Die Sporne sondern sich in Husarensporne 104 und gewöhnliche Sporne 105 ab, so wie 3) die Steigbügel in Deutsche 108, Englische 109, und Ungarische 110. 4) Die Striegel 110.

IV. Der Windenmacher. 113.

Kann gleichfalls nur das Schwedische Eisen 114 brauchen. Mit den gewöhnlichen, und einigen beson-

entstehen soll, ein Stück Stahl, das aber doch auf beiden Seiten etwas vor dem Eisen vorspringen muß, und schweißt Stahl und Eisen zusammen. Der Hammer bildet das Blatt und das Schild so gut, wie möglich, aus, so wie auch den obern Theil des Griffs b g. Für den Ring strecket der Hammer ein flachrundes Eisen aus, bieget es auf dem Sperrhorn länglich rund, und schweißt es in g mit dem obern Theil b g des Griffs zusammen. Allen diesen Theilen muß die Feile ihre Façon geben. Die äußere Seite jedes Blatts erhält in der Mitte eine breite Fläche, und auf jeder Seite dieser Fläche eine kleinere geneigte, woraus in a d die Schneide entsteht. Bei dem Befeilen aller Theile muß der Messerschmid die beiden Schenkel zum öftern dergestalt gegen einander halten, daß der Ring des einen Schenkels auf dem Ringe des andern liegt, und daß sich auch auf eben die Art das Schild und die Schneide beider Schenkel decken, denn sie müssen gleich groß seyn. Vorzüglich muß der Schluß b f bei beiden Schenkeln mit aller Genauigkeit gleich groß abgemessen werden. Es bleibt zwar beim Schmieden für jeden Schluß ein erhöhetes Stück stehen, allein die Feile muß die abgemessene Größe des Schlusses genau bestimmen. In dieser Absicht legt der Messerschmid beide Schenkel auf die vorgedachgedachte Art zusammen, spannt sie mit einer hölzernen Kluppe in den Schraubstock, und macht in f und b auf der hohen Kante der Schenkel einen Feilstrich. Feilt er den Schluß f b nach diesem Zeichen an beiden Schenkeln mit aller Genauigkeit aus, so wird der Schluß beider Schenkel bei der Zusammenfügung genau an einander passen. Geschickte Messerschmide wissen dem Schluß f b eine solche Lage zu geben, daß, wenn zum Beispiel der offene Schenkel a b einer fertigen Schere auf dem Schluß des Schenkels c e in f ruhet, beide Schenkel ein gewöhnliches Kreuz machen. Bei dieser Lage der Schenkel kann man eine alte Schere schleifen, ohne das Niet auszuschlagen. Die Schere muß bei dem Härten hafergelb anlaufen. Der Griff b e wird mit den Oehlsteinen, mit Schmergel, und mit dem Polirstahl geglättet. S. 209. Hingegen die Blätter muß der Schleifstein und die Polirscheibe völlig ebnen. Die eigentlichen Schneiden der Schere a d, c d würden sich aber nicht berühren, wenn der Messerschmid sie nicht gegen einander richtete, oder, nach seiner Sprache, die Blätter windschief machte. In der That stehen auch die Blätter a d, c d auf den Stangen b d, schief, wie die Flügel einer Windmühle. Der Messerschmid spannt jeden Schenkel in den Schraubstock, drehet jedes Blatt mit einer Zange von f gegen d nach dem Innern

zu

zu etwas um, und nöthigt hierdurch die Schneiden der Schere, sich vereinigt fest an einander zu schließen. Eben dies kann er auch durch das Hohlschleifen S. 192 erreichen, allein es ist mühsamer. Unterdessen wird doch auf dem Schleifstein die eine Seite der Schneide a d, c d etwas ausgehöhlt. Beim Schleifen ist nichts weiter zu bemerken, als daß sich der Messerschmid in Acht nehmen muß, daß er das Windschiefe nicht wieder abschleift, wobei aber die Uebung alles thut. Daher kann er bei dieser Arbeit einen Beweis seiner Geschicklichkeit ablegen. Beide Schenkel einer Schneiderschere werden mit einem Niet vereinigt, das auf beiden Enden einen starken Kopf hat, der wenigstens einen Viertelzoll lang ist. Der eine Kopf hängt mit dem Niet zusammen, der andre wird aber besonders aufgesetzt. Beiden giebt der Messerschmid mit der Feile eine zierliche Gestalt. Das Loch für das Niet muß bei den Schenkeln genau auf einander passen, und es wird bei beiden zuerst gleich groß gebohret. Der feste Kopf des Niets mag in der Zeichnung unter dem Schenkel c e liegen. In diesem Fall macht der Messerschmid mit einer dreikantigen Feile einen Einschnitt auf dem Umfange des Lochs, und dem Niet giebt er mit der Feile einen dreikantigen Zapfen, der eben so stark und lang, als das gedachte Loch tief

tief ist, damit beide Stücke genau in einander passen. Das Niet wird mit Gewalt in das Loch des Schenkels c e eingeschlagen; und wer siehet nicht, daß nun dieser Schenkel mit dem Niet unbeweglich zusammen hängt? Der obere Theil des Niets bleibt im Gegentheil völlig rund, und das Loch des Schenkels a e in h wird mit einem Stift etwas erweitert. Auf das vorstehende Ende des Niets steckt man in h einen hohlen Knopf, und vernietet das Niet mit einem Hammer. Dieser abgesonderte Knopf muß daher mit einem Dorn durchbohrt werden. Hieraus folgt, daß der eine Schenkel a e der Schneiderschere, so wie bei allen übrigen Scheren, sich frei auf dem Niete bewegt, und daß hingegen der Schenkel c e mit dem Niete zusammen hängt. An einem Ringe der Schneiderschere nietet der Messerschmid einen Zapfen i an. Wenn eine alte Schere wieder geschliffen wird, so gehet hierdurch etwas ab, und die Spitzen würden nach der Richtung a c von einander abstehen, wenn man nicht etwas von diesem Zapfen i abfeilte.

Anhang.

Anhang.

Bei einer Reise nach den Hammerwerken unweit Neustadt Eberswalde, die in der vierten Sammlung beschrieben sind, nahm der Verfasser die Gelegenheit wahr, und besahe die Messerfabrik vor der gedachten Stadt, und in den benachbarten Gegenden. Es wäre überflüssig, sich in eine weitläuftige Beschreibung bei einem Werke dieser Art einzulassen, da die Eisenarbeiten, die daselbst verfertigt werden, mehrentheils in den vorigen Abschnitten beschrieben sind. Der Vortheil bei einer solchen Fabrik ist, daß ein Professionist dem andern in die Hand arbeitet, und daß Maschinen manche Arbeiten erleichtern, die den Professionisten in den Städten Zeit und Kräfte rauben. Unterdessen überläßt die gedachte Messerfabrik den Messerschmiden in den Städten die Verfertigung der feinen Arbeiten, und begnüget sich an dem Verkauf der sogenannten Currentwaren. Es gehören zu dieser Fabrik drei verschiedene Werke, die sämmtlich unter einem Comtoir stehen. Vor Neustadt Eberswalde ist für die Eisenarbeiter eine neue Vorstadt angelegt worden, wozu zugleich zwei Schleifmühlen gehören. Ueberdem sind noch ungefähr eine halbe Meile von dieser Stadt zwei besondre Werke; denn auf der Regäse unterhält die Fabrik vier und zwanzig Arbeiter nebst einer Schleifmühle, und auf dem Wolfswinkel zwei Scherenschmide, denen man gleichfalls eine besondre kleine Schleifmühle erbauet hat. Auf allen diesen Werken haben die gegenwärtigen Erbpächter der Fabrik, die Erben des berühmten Kaufmanns Herrn Splittgerber zu Berlin, folgende Eisenarbeiter angesetzt: 1) Messer- und Scherenschmide. 2) Schalenschneider. 3) Schleifer. 4) Löthschlösser, die bloß Vorhängeschlösser verfertigen. 5) Zirkelschmide. 6) Feilenhauer. 7) Schnallen- und Ringschmide, die schwarze Schnallen für die Sattler und Riemer verfertigen. Sie schmieden die Schnallen aus einer kleinen Stange Eisen, und schweißen sie zusammen. 8) Sporer. 9) Kettenschmide, die kleine Ketten an den Halftern der Pferde schmieden. Ueberdem hat die Fabrik das Recht, alle Arten der Eisenarbeiter anzusetzen. Die Professionisten ließ der Stifter der Fabrik aus dem Gothaischen und Schmalkaldischen kommen, und sie haben unter einander ein gemeinschaftliches Gewerk. Ihre Lehrbursche lernen vier bis fünf Jahre. Die Fabrik läßt das Eisen auf dem benachbarten Eisenhammer zu kleinen Stäben ausstrecken, und die Handwerker müssen es, nebst den übrigen Materialien, baar erstehen. Dagegen wird ihnen ihre Arbeit dutzend- und stückweise bezahlt. Sie liefern ihre Waaren alle Sonnabend an die

Fabrik ab, und ein geschickter Messerschmid, den man den Beschauer nennt, muß sie nebst zwei Beschaumeistern beurtheilen, und das Unbrauchbare zerbrechen. Es bleibt also bei dieser Fabrik weiter nichts zu beschreiben übrig, als die Schleifmühle. Die größte in der Vorstadt bei Neustadt Eberswalde war folgender Gestalt angelegt. Ein zwanzig Fuß hohes unterschlächtiges Wasserrad Fig. XIX. A. bewegt vermittelst seiner Welle A B, zwei Stirnräder, C und B. Die Zähne des letztern Stirnrades B, welches im Durchmesser acht Fuß groß ist, fassen in ein Getriebe D, das zwanzig Stöcke hat, und bewegen zugleich durch eine gemeinschaftliche Welle das Kammrad E, das sieben Fuß im Durchmesser hat. Dieses setzt ein Getriebe F in Bewegung, woran sich eilf Stöcke befinden, und die eiserne Spille, worauf dieses Getriebe steckt, trägt zwei Schleifsteine G und H, die sechs Fuß hoch, und fünf bis sechs Zoll dick waren. Die eiserne Spille war neun Fuß lang, und ungefähr vier Zoll dick. Die Steine erhält die Fabrike aus Neiße in Schlesien. Das zweite Stirnrad C, dessen Durchmesser acht Fuß betrug, greift gleichfalls in ein Getriebe I, das acht Stäbe hat, und durch eine gemeinschaftliche Welle wird zugleich mit dem Getriebe das sechs Fuß hohe Schnurrad K bewegt. Eine Schnur K L verknüpft dies Rad mit einer Rolle L, die mit der sechs Fuß hohen

Polirscheibe M auf einer Welle steckt. Soll diese Scheibe ruhen, so darf man nur die Schnure K L abnehmen. Die wichtigste Regel beim Schleifen ist, daß man ein Messer nicht zu stark auf dem großen Schleifstein erhitzen muß, weil es hierdurch zerbrechlich wird. Beim Poliren bestreicht der Schleifer die Stirn der Polirscheibe mit Schmergel und Baumöhl, und schlägt beides mit einem Hammer fest ein, damit es bei der schnellen Bewegung der Scheibe nicht abfalle.

Verbesserungen.

Seite 127, Zeile 4 von unten lies: Stefte, anstatt Stifte. — Seite 128, Zeile 5. 9. 11. von oben lies: Stefte und Steften.

besondern Werkzeugen 114 verfertigt er z. B. 1) Verschiedene Arten Winden, als Wagenwinden 119, Fußwinden 131, Zugwinden 132, Winden, die durch eine Schraube ohne Ende wirken 133, und die überdem noch, statt der gewöhnlichen Stange, eine starke Schraube erhalten 134. Tab. III. Fig. XXVIII. ist eine Winde, deren man sich bei Eröffnung der Schleusen bedient. Sie hat nur dies vor den übrigen voraus, daß sie eine lange Stange, und auf der Welle des kleinen Getriebes ein Sperrrad erhält. Das letzte wird, nebst seinem Nutzen, in der Zeichnung sogleich in die Augen fallen. 2) Das Seilergeschirr 136. 3) Die Siegelpresse 138.

V. Der Zeugschmid. 142.

Schmiedet aus Eisen und Stahl mehrentheils mit den gewöhnlichen Werkzeugen 143 der übrigen Eisenarbeiter, 1) Instrumente für die übrigen Professionisten, wozu vorzüglich die Säge 145, der Bohrer 147, der eiserne Zirkel 150 und dergleichen gehört. 2) Küchengeräthe, zum Beispiel den Dreifuß 153, die Kaffetrommel 154, die Kaffemühle 156, und das Feuerbekken 157.

VI. Der Feilenhauer. 160.

Dieser Professionist schmiedet aus Stahl und Eisen, mit den gewöhnlichen Werkzeugen 161, 1) Feilen 165, die man nach dem Hiebe 165 und nach der Gestalt 167 unterscheidet. Sie werden geschmiedet 168, gehauen 170, und gehärtet 175. 2) Raspeln 178.

VII. Der

VII. Der Messerschmid. S. 183.

Aus Schwedischem Eisen uud Kölnischem Stahl 184 entstehen in dieser Werkstätte, mit Beihülfe einiger besondern Werkzeuge 184, vorzüglich aber der Feile und der Schleifmaschine 185: 1) Tischmesser mit einer spitzen Angel, deren Klinge aus Eisen und Stahl verknüpft geschmiedet 189, die Schale aber aus Knochen und dergleichen geschnitten wird 193. 2) Tischmesser mit einer flachen Angel 196. 3) Einlegemesser 202, die zum Theil ausgelegte Schalen erhalten 204. Hierzu gehören auch die Französischen Messer 205. 4) Barbiermesser 206. 5) Gabeln 208. 6) Grobe Scheren 210. Zum Beschluß ist noch eine kurze Nachricht von der Messerfabrik zu Neustadt Eberswalde 215, und vorzüglich von der dasigen Schleifmühle 217, hinzu gefügt worden.

Erster

Tab. I. Der Nagelsc

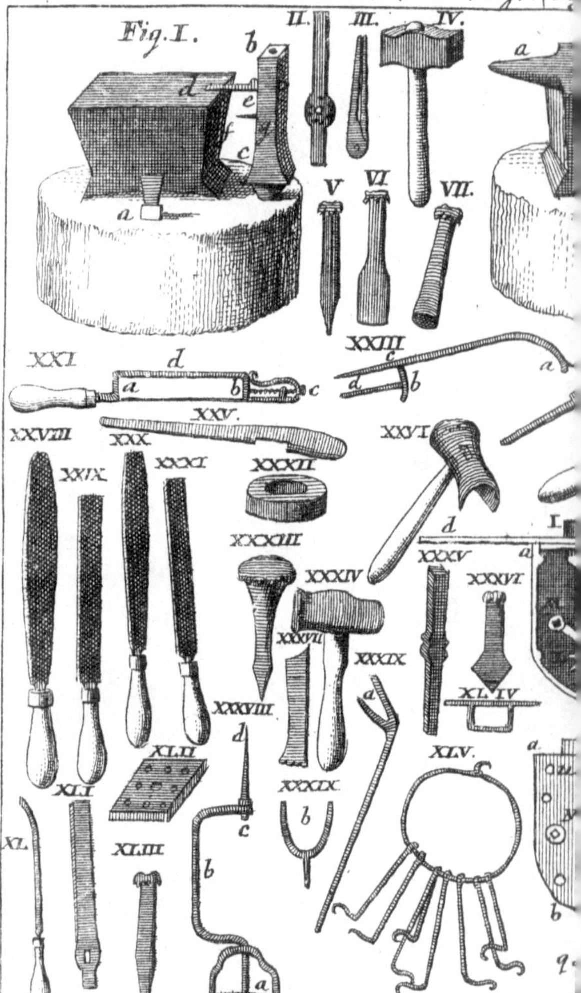

...rd Schlösser.

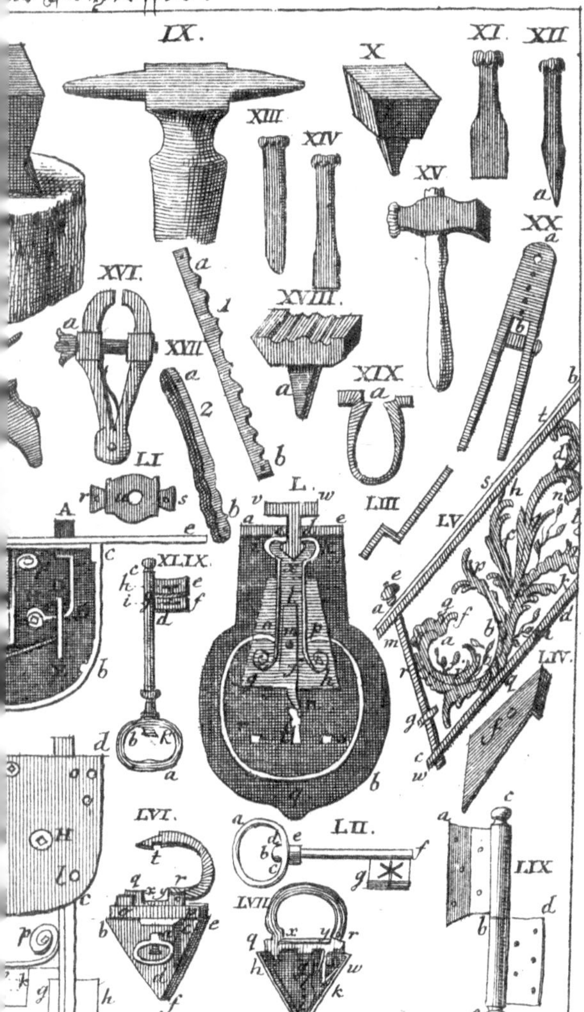

Tab. II. Der Sporer.

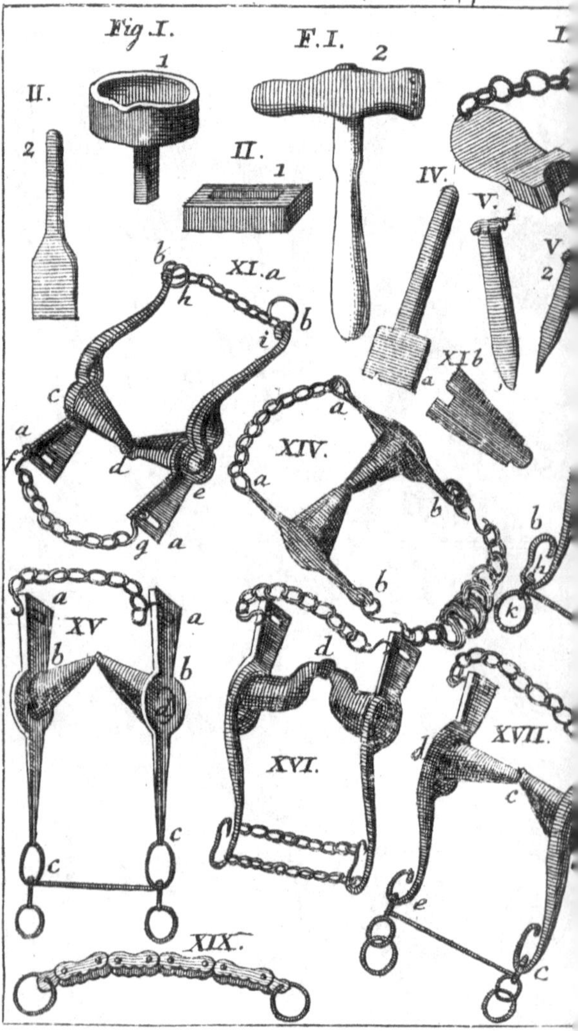

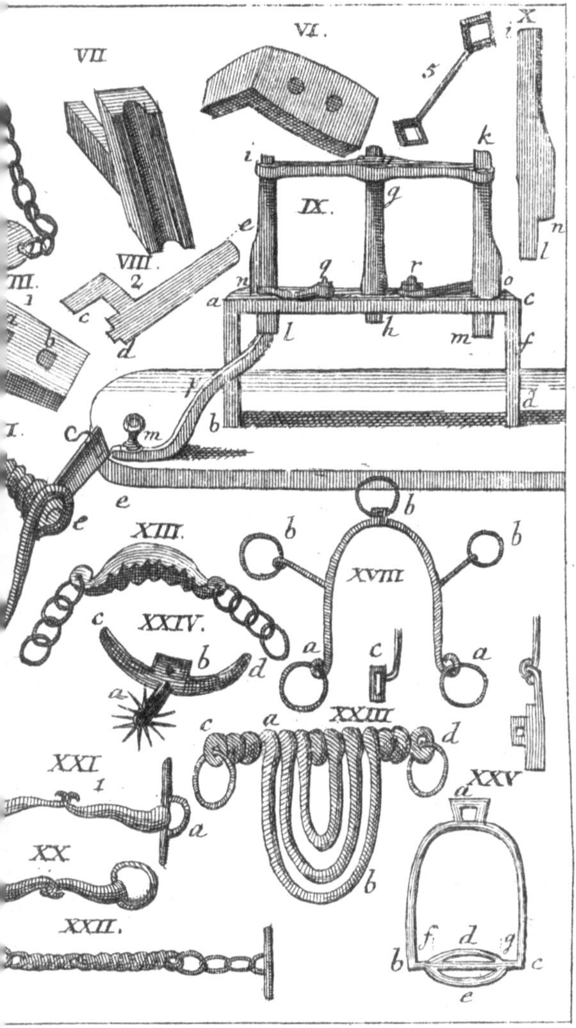
VII
VI.
X
IX.
VIII.
XIII.
XVIII
XXIV.
XXIII
XXI
XXV
XX
XXII.

Tab. III.

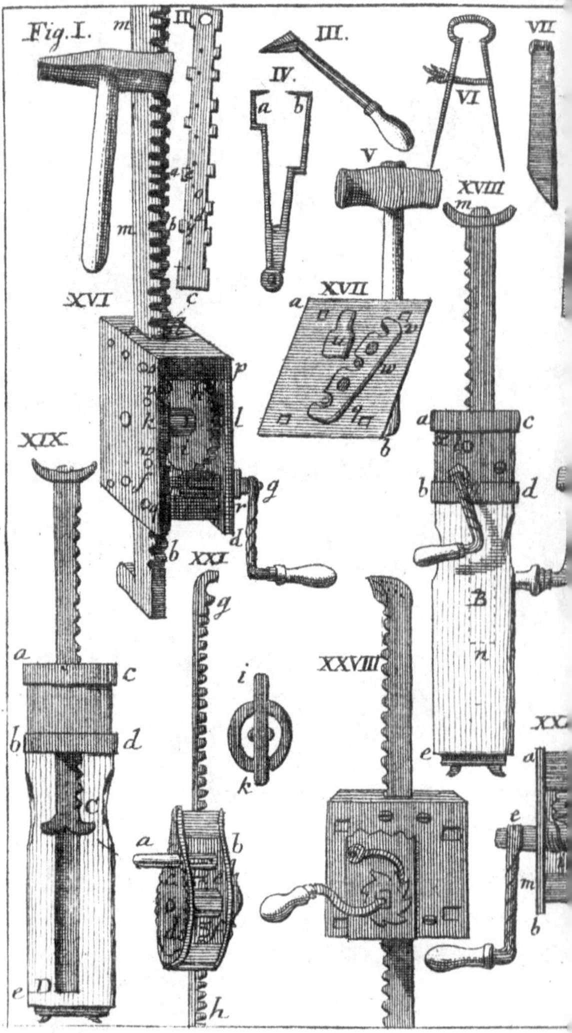

macher.

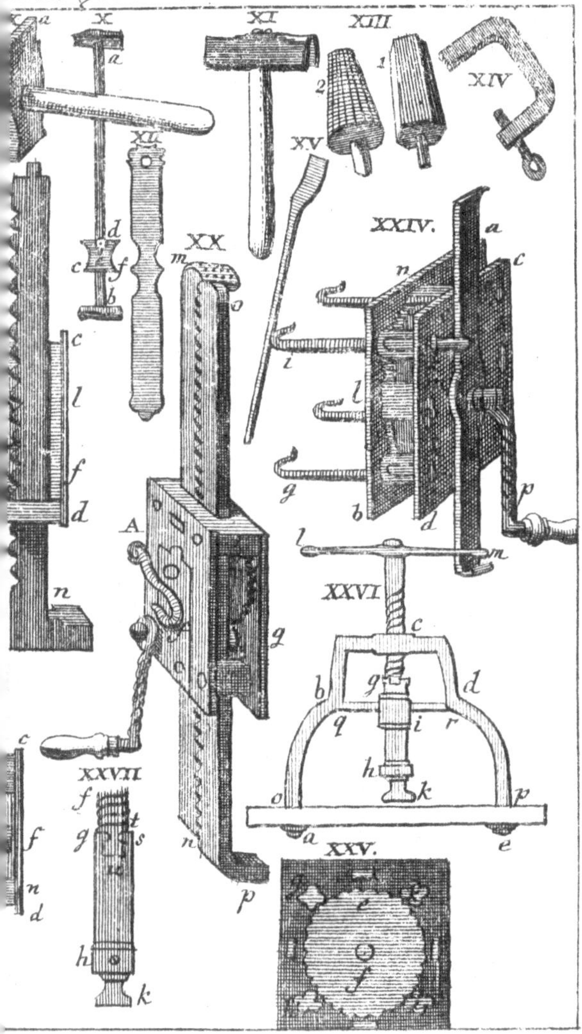

Tab: IV. Der Zeugschmid

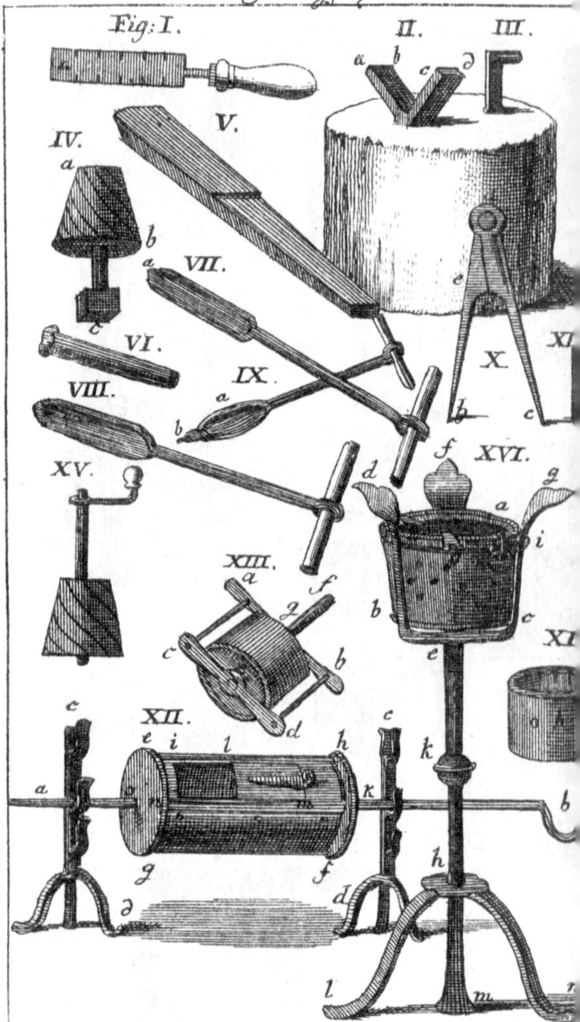

b.V. Der Feilenhauer.

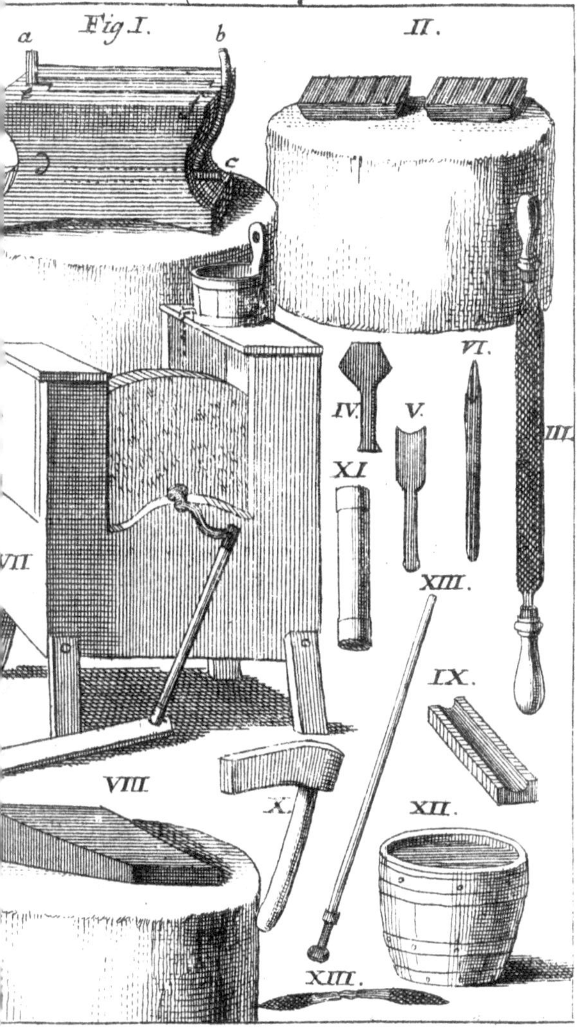

Tab. VI. Der

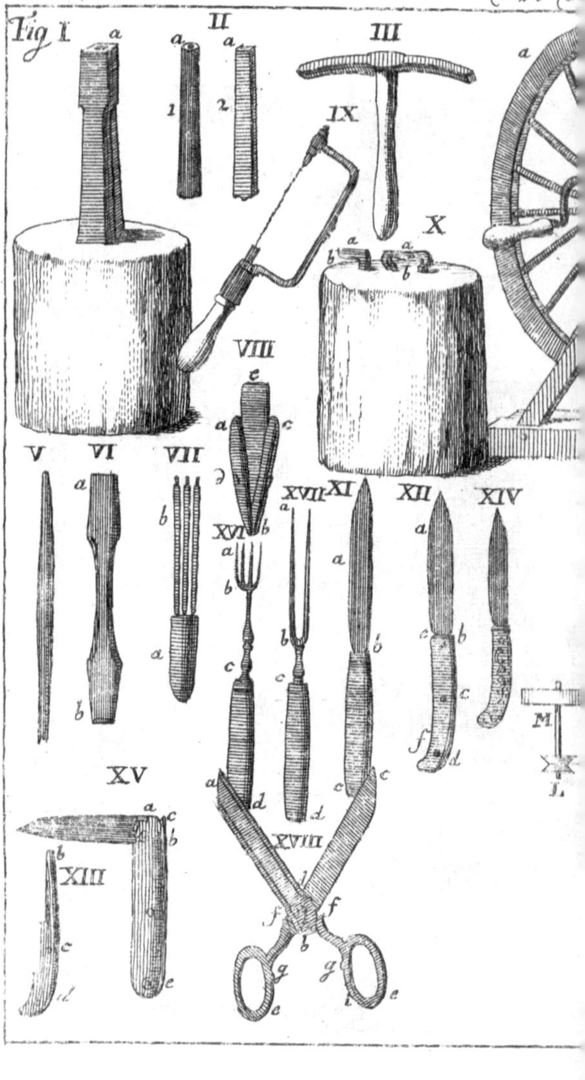

hmid.

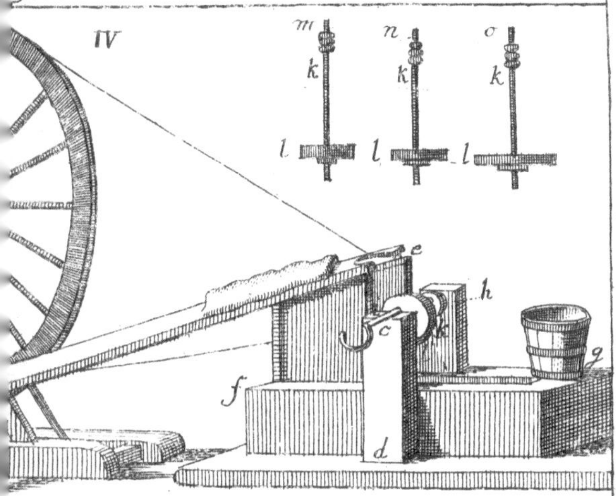

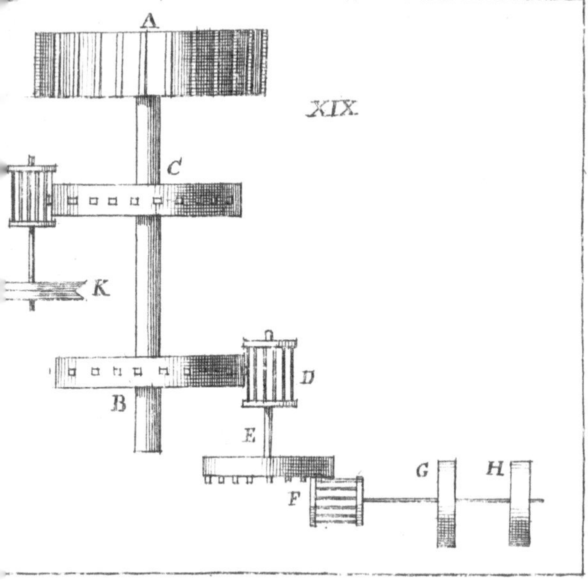

FSC
www.fsc.org
MIX
Papier | Fördert gute Waldnutzung
FSC® C083411

Zeitfracht Medien GmbH
Ferdinand-Jühlke-Straße 7
99095 Erfurt, Deutschland
produktsicherheit@kolibri360.de